Steinbeis-Edition

Peter Kolb wurde 1966 in Werneck geboren. Er studierte internationale Betriebswirtschaft mit den Schwerpunkten Personal und Marketing an der European School of Business in Reutlingen und Reims.

Kolb arbeitete nach seinem Studium zwölf Jahre im Vertrieb für Investitionsprodukte und Dienstleistungen als Vertriebsbeauftragter, Account Manager und Geschäftsführer Vertrieb. Er hat 15 Jahre Erfahrung als Personalvermittler / Berater, davon sieben spezialisiert auf die Rekrutierung von Vertriebsmitarbeitern.

Heute arbeitet Kolb als Berater und Trainer in den Bereichen Vertriebs- und Führungsentwicklung. Er ist Geschäftsführer eines Beratungshauses zur Entwicklung von Vertriebseinheiten.

Karin Kolb wurde 1966 in Heidelberg geboren. Sie studierte an der European School of Business in Reutlingen und Reims internationale Betriebswirtschaft. Nach dem Studium arbeitete sie als Assistentin der Geschäftsführung im Immobilien- und Automobilzulieferer-Bereich und widmete sich dann einige Jahre ihren beiden Kindern.

Kolb ist heute als Vertriebs- und Führungscoach tätig. Sie leitet Seminare in den Bereichen Vertriebsführung und Selbstmanagement, führt Einzel- und Teamcoachings durch und begleitet Veränderungsprozesse in Vertriebsorganisationen.

Peter Kolb | Karin Kolb

Recruiting für den Vertrieb

**Vertriebspersonal erfolgreich
gewinnen und halten**

Impressum

© 2010 Steinbeis-Edition Stuttgart

Alle Rechte der Verbreitung, auch durch Film, Funk und Fernsehen, fotomechanische Wiedergabe, Tonträger jeder Art, auszugsweisen Nachdruck oder Einspeicherung und Rückgewinnung in Datenverarbeitungsanlagen aller Art, sind vorbehalten.

Peter Kolb, Karin Kolb
Recruiting für den Vertrieb – Vertriebspersonal erfolgreich gewinnen und halten

1. Auflage, Steinbeis-Edition Stuttgart 2010
ISBN 978-3-941417-30-4

Satz: Sina Schmitt, Steinbeis-Edition
Titelbild: ©iStockphoto.com / Judy Ledbetter
Druck: Straub Druck+Medien AG, Schramberg

Die Steinbeis-Edition verlegt ausgewählte Themen aus dem Steinbeis-Verbund. Der Dreiklang „Technologie. Transfer. Anwendung" charakterisiert den dezentral organisierten Steinbeis-Verbund. Das Dienstleistungsportfolio von Steinbeis umfasst Forschung & Entwicklung, Beratung, Analysen & Expertisen sowie Aus- und Weiterbildung. Weitere Informationen finden Sie unter www.stw.de.

134038-2010-03 | www.steinbeis-edition.de

… für meine Kinder, die mich jeden Tag daran erinnern,

wie wichtig es ist, an Potenziale zu glauben …

Über dieses Buch

? | Frage

Warum wurde dieses Buch geschrieben?

Vertriebsmitarbeiter sind entscheidend für den Erfolg von Unternehmen. Letztendlich kaufen – unabhängig von der Qualität von Produkten und Dienstleistungen – Menschen immer von Menschen. Studien zeigen, dass 84 % einer Kaufentscheidung rein auf Emotionen beruhen. Diese Emotionen beim Kunden zu wecken, ist eine der wichtigsten Aufgaben von Vertriebsmitarbeitern. Die Emotion, ein bestimmtes Produkt kaufen zu WOLLEN (im Gegensatz zu kaufen MÜSSEN), ist häufig das einzige Unterscheidungsmerkmal, das Unternehmen im Wettbewerb haben.

Daher wird die Rekrutierung von Vertriebspersonal immer mehr zum entscheidenden Erfolgsfaktor für Unternehmen.

Wie aber können Sie erkennen, dass Sie den oder die richtige Vertriebsmitarbeiter / in vor sich haben? Die Kernkompetenz von Vertrieblern liegt in der Fähigkeit, Emotionen und den Wunsch zum Kaufen zu wecken. Wie können Sie emotionale Kompetenz messen? Und wie können Sie verhindern, dass Sie nicht dem verkäuferischen Talent des Vertrieblers auf den Leim gehen? Wie stellen Sie sicher, dass der Bewerber nicht gerade den Wunsch zu kaufen (also ihn oder sie einzustellen) weckt – obwohl er gar nicht passt. Zudem ist Verkaufen kein klar definiertes Aufgabengebiet. Es gibt keine Kriterien, an denen Sie messen können, ob jemand verkaufen kann.

Seit 2002 vermitteln wir Vertriebsmitarbeiter. Immer wieder sagen Vertriebsführungskräfte oder Personalreferenten, sie suchen vor allem das „Vertriebs-Gen" im Kandidaten. Den verkäuferischen „Biss". Auf die Frage, wie sie den Biss denn erkennen, antworten die meisten: „Das sagt mir der Bauch." Gleichzeitig ist in keinem uns bekannten Aufgabenbereich die Fluktuation in der Probezeit oder im ersten Jahr (das heißt letztendlich die Zahl der missglückten Einstellungsversuche) so hoch wie bei Vertrieblern. Viele Führungs-

kräfte sagen uns: „Wir sind zufrieden, wenn 2/3 der eingestellten Vertriebsmitarbeiter auch nach der Probezeit noch bei uns sind." Einige Unternehmen geben sich sogar mit einer Erfolgsquote von 50 % zufrieden. Dass 80 %
und mehr der Einstellungen so erfolgreich sind, dass die neuen Mitarbeiter
die Umsatzziele nach Plan erreichen und zumindest mittelfristig beim
Unternehmen bleiben, sagen keine 20 % der befragten Unternehmen.

Auf der anderen Seite ist kaum etwas so teuer wie die Fehleinstellung im
Bereich Vertrieb. Nicht nur, dass die entstandenen Kosten für Rekrutierung
und Ausbildung / Einarbeitung verloren sind – beim Vertrieb fehlt auch der
mit dem Vertriebsmitarbeiter geplante Umsatz. Der Schaden erreicht schnell
100.000 € und mehr.

Dieses Buch wurde geschrieben, um die Einstellungssicherheit bei der
Rekrutierung von Vertriebsmitarbeitern zu steigern. Dabei geht es darum,
die geeigneten Bewerber zunächst zu finden und dann den oder die
Richtige / n herauszufiltern. Da Vertriebler – und hier insbesondere Neukun-
den- und Wachstumsvertriebler – eher knapp sind, geht es im Rekrutierungsprozess gleichzeitig auch darum, den Bewerber für das eigene Unternehmen
zu gewinnen – keine leichte Aufgabe!

Um das Thema möglichst ganzheitlich und umfassend zu betrachten, bietet
das Buch theoretischen Hintergrund, praktische Umsetzungstipps und
„Übungsaufgaben", um die Tipps und die Theorie in ihrem jeweiligen
Rekrutierungsumfeld anwendbar zu machen. Sie können das Buch auch als
Nachschlagewerk mit Checklisten und Handlungshilfen für konkrete Rekru-
tierungssituationen nutzen.

Das Buch beruht neben der allgemeinen Rekrutierungslehre vor allem auf
zwei Studien zum Rekrutierungsverhalten von Bewerbern und Kunden, die
wir durchgeführt haben, sowie auf unserer Beratungs- und Vermittlungs-
praxis.

Wir sind überzeugt davon, dass es nicht DEN richtigen oder DEN einzigen
Weg zur Rekrutierung von Vertriebsmitarbeitern gibt. Wir sind aber auch
überzeugt davon, dass es bei der Suche und Auswahl von Vertrieblern spezi-
fische und leider auch häufige Fehler gibt, die es zu vermeiden gilt. Und dass
es Dinge gibt, die Sie richtig machen können oder müssen. Diese Aufgaben

soll Ihnen das Buch für die jeweils unterschiedlichen Rekrutierungs-situationen aufzeigen. Der Rest zur erfolgreichen Einstellung Ihrer Vertriebs-mitarbeiter wird von der Situation und Ihrem „Bauchgefühl" abhängen. Auch hierfür soll Ihnen das Buch Anregungen und Denkanstöße geben.

Wir wünschen Ihnen viel Spaß beim Lesen, Neugierde und Mut einfach mal etwas auszuprobieren und am Schluss ein gutes Bauchgefühl.

Sollten Sie mit und durch das Buch den Einstellungserfolg von Vertrieblern verbessern – freuen wir uns im Stillen mit Ihnen. Wenn nicht – sagen Sie es uns: vertriebsrekrutierung@pe-kom.de

Herzlichst

Ihr Peter Kolb

? Frage

Wie kann ich mit diesem Buch am besten arbeiten?

Wir wollen mit dem Buch nicht nur Wissen vermitteln, sondern vor allem auch zum Nachdenken anregen und Ihnen ganz konkrete Handlungshilfen geben. Zu diesem Zweck besteht das Buch aus drei Teilen:

1) **Theoretischer Hintergrund** zu den einzelnen Themen der Mitarbeiterrekrutierung im Vertrieb, mit dem wir Ihr Wissen zum Thema Vertrieb und Rekrutierung auffrischen und erweitern wollen. Besonderes Augenmerk wollen wir auf konkrete Tipps lenken, die das Wissen für bestimmte Rekrutierungssituationen bei der Personalbeschaffung im Vertriebsumfeld greifbar machen sollen. Das Wissen soll Sie direkt zum Nachdenken und zu Überlegungen zu Ihrem Rekrutierungs- und Personalbeschaffungsalltag anregen.

2) Konkret werden Sie über **Fragen und Übungen** „aufgefordert" Ihre Gedanken für Ihr ganz persönliches Umfeld zu formulieren und aufzuschreiben. Darüber hinaus bietet Ihnen das Buch die Möglichkeit, am Ende der jeweiligen Kapitel auf den dafür vorgesehenen Notizzetteln Ihre Gedanken zu formulieren.

3) Am Ende der Kapitel finden Sie eine Reihe von **Arbeitshilfen und Checklisten**, die Sie in Ihrem Alltag verwenden können. Bitte beachten Sie dabei, dass die Arbeitshilfen und Checklisten beispielhaft und als Anregung gedacht sind. Sie sind nicht als einzig richtiger Weg zu verstehen. Jede Rekrutierungssituation erfordert, aufbauend auf dem theoretischen Hintergrund und dem Grundprinzip der jeweiligen Arbeitshilfe und Checkliste, individuelle Überlegungen und Anpassungen.

📝	Notizen
❗	Tipps
❓	Fragen
📄	Übungen
✔️	Checklisten / Arbeitshilfen

Hintergründe über Aufgaben und Jobprofile im Vertrieb

Bevor Sie dieses Kapitel lesen, nehmen Sie sich bitte einige Minuten Zeit, um folgende Fragen zu beantworten:

Wie würde ich jemandem einen Vertriebsjob beschreiben, der vorher noch nie etwas von Vertrieb gehört hat?

_____

_____

_____

Wie kann man beurteilen, ob die Rekrutierung von Vertriebsmitarbeitern erfolgreich ist?

_____

_____

_____

Stellen Sie sich vor, Sie haben ein Bewerbungsgespräch bei einem für Sie interessanten Unternehmen. Wie wollen Sie im Bewerbungsprozess behandelt werden?

_____

_____

_____

Woran würden Sie als Bewerber während des Bewerbungsprozesses festmachen, ob ein Unternehmen so „gut" ist, dass Sie ein eventuelles Stellenangebot auch annehmen würden?

_____

_____

_____

? Frage

Was muss ich bei der Rekrutierung im Vertrieb im Allgemeinen beachten?

Bevor Sie sich auf die Suche nach dem richtigen Vertriebsmitarbeiter für Ihr Unternehmen und schließlich dessen Auswahl machen, möchten wir Ihnen einige Hintergrundinformationen über Funktionen im Vertrieb geben. Diese werden die Vorgehensweise bei der Suche und der Auswahl grundlegend beeinflussen.

Entscheidend für die Rekrutierung von Mitarbeitern im Allgemeinen und die von Vertriebsmitarbeitern im Besonderen ist das Stellenziel, für das rekrutiert wird.

Natürlich ist klar: Verkäufer sollen verkaufen – das heißt, sich am Umsatz messen lassen. Aber je nach Profil unterscheidet man dabei drei Grundtypen von Vertriebsmitarbeitern:

- Mitarbeiter in der Neukundengewinnung
- Mitarbeiter in der Kundenentwicklung
- Mitarbeiter zur Kundenbetreuung

Die Einstufung in eine der drei Gruppen hat entscheidenden Einfluss auf die Rekrutierung – sowohl aus Anforderungssicht an den zukünftigen Mitarbeiter als auch aus Sicht der Vorgehensweise zur Rekrutierung.

Neben dieser Kategorisierung können Vertriebsmitarbeiter zwar vielen Unterkategorien zugeordnet werden: direkter Vertrieb vs. indirekter Vertrieb, Inside Sales vs. Außendienst etc. Letztendlich ist es aber die Dreiteilung, die auf die Rekrutierung entscheidenden Einfluss hat.

? Frage

Warum ist das so und worin besteht der Einfluss
auf die Rekrutierungsarbeit?

Der entscheidende Faktor ist das notwendige Verhaltensprofil für die jeweilige Position. Ein Verhaltensprofil beschreibt, wie sich ein Mensch in unterschiedlichen Situationen verhält. Es ist in der Regel vom Menschen nicht zu steuern und nur in sehr wenigen Punkten erlernbar. Daher ist es für den Erfolg eines Vertriebsmitarbeiters entscheidend, eine Stelle zu finden, die auf sein Verhaltensprofil passt. Dies sicherzustellen, ist eine wichtige Aufgabe des Rekrutierungsprozesses.

Das Verhalten wird in der Regel in vier Dimensionen beschrieben:

D – die Dominanz – nennen wir es im Folgenden das „hohe D". Das hohe D ist an zählbaren Ergebnissen interessiert, möchte Erfolg haben und wird immer seine eigenen Ziele verfolgen. Das hohe D entscheidet schnell und in der Regel aus dem Bauch heraus, es verlässt sich auf SEINEN Instinkt.

I – die Initiative – nennen wir es das „hohe I". Das hohe I möchte vor allem keinen Streit und möchte bei anderen Menschen anerkannt sein. Um das zu erreichen, stellt es sich gerne in den Mittelpunkt, denn es möchte ja gesehen werden. Das hohe I kann zwar die eigene Meinung verfolgen, ist also alles andere als ein Fähnchen im Wind, aber es wird immer versuchen, die anderen von der eigenen Meinung zu überzeugen und nicht die eigene Meinung den anderen zu diktieren.

S – die Sicherheit – nennen wir es das „hohe S". Das hohe S will sich in Bekanntem bewegen. Es wird das Risiko des Neuen scheuen, lieber auf Bewährtes vertrauen und schnelle Veränderungen oder gar unbekanntes Terrain meiden. Gleichzeitig wird das hohe S versuchen seine Umwelt zu verstehen, was ihm zusätzliche Sicherheit gibt.

G – die Genauigkeit – nennen wir es das „hohe G". Das hohe G möchte keine Fehler machen und es macht auch keine. Das bedeutet, dass das hohe G nur dann erfolgreich arbeiten kann, wenn es klare Messlatten für richtiges oder falsches Verhalten gibt, am liebsten in Checklisten-Form. Das hohe G wird sich auch immer an Daten und Fakten halten, also eher in der Gegenwart als in der Zukunft denken und leben.

Betrachten wir nun die Verhaltensprofile für die drei Vertriebskategorien:

1) Der **Neukundenvertriebler**

 Zweifelsohne helfen ihm das D und das I. Er kann Ergebnisse nur erzielen, wenn er andere für seine eigenen Produkte oder Dienstleistungen gewinnt und diese davon überzeugt. Gleichzeitig sollte er nicht zu viel S haben, da er ständig neue Menschen, neue Firmen und neue, ja unbekannte Situationen antreffen wird. Auch das G ist ihm eher hinderlich, da er in jeder Neukundensituation zunächst nicht weiß, nach welchen Regeln der neue Kunde entscheiden muss, und er sich deshalb flexibel im „freien" Raum bewegen können muss. Das heißt ein Neukundenvertriebler hat zunächst ein Basisprofil, das wie folgt aussieht:

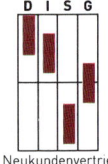

Neukundenvertrieb

Variieren wird das Profil nach der Frage, ob es sich um eine Dienstleistung handelt oder ein Produkt, das verkauft wird. Je mehr es sich um eine Dienstleistung handelt, desto niedriger sollte das G sein, denn es gibt keine Daten und Fakten, an die man sich halten kann.

Was bedeutet dieses Bild für die Mitarbeiterauswahl? Im Folgenden werden wir den Rekrutierungsprozess über drei Dimensionen charakterisieren:

- Prozessgeschwindigkeit
- Informationen, zum Beispiel Stellenausschreibung etc., die ein Bewerber sucht
- Inhalt und beteiligte Personen an den Auswahlgesprächen

Die Prozessgeschwindigkeit: wenn man einen erfolgsorientierten Neukundenvertriebler rekrutiert, sucht man das hohe D, das heißt der Kandidat wird schnell entscheiden. Das bedeutet, dass der Prozess an sich nicht allzu lange dauern darf, vor allem muss aber nach jedem Prozessschritt schnell Klarheit darüber herrschen, ob es weiter geht und wann. Das heißt, geben Sie ein schnelles Feedback nach dem Bewerbungseingang, vereinbaren Sie Bewerbungsgespräche zeitnah und geben Sie dem Kandidaten nach einem Gespräch spätestens am Folgetag Feedback. Als Orientierungshilfe sollte ein Auswahlprozess für Neukundenvertriebler nach dem Eingang der Bewerbungsunterlagen nicht länger als drei Wochen dauern – das heißt bis zum unterschriebenen Arbeitsvertrag! Unterlagen und Informationen für den Bewerber müssen ergebnis- und zukunftsorientiert verfasst sein. Sie sollten nicht zu viele Daten und Fakten enthalten.

Im Auswahlprozess wird der Neukundenvertriebler viel Wert darauf legen, zu verstehen, welche Ergebnisse von ihm erwartet werden, woran er gemessen wird. Er will auch die für ihn wichtigen Kollegen und Vorgesetzten kennenlernen.

2) Schauen wir uns als nächstes den **Kundenbetreuer** an:

Er bewegt sich im bekannten Umfeld. Gleichzeitig muss er sich an Prozesse und Abläufe des Kunden halten. Im Kundenbetreuungsumfeld kommt es häufig zu Problem- und Reklamationssituationen, in dem das Verständnis für die Situation des Kunden im Vordergrund steht – alles Anforderungen an ein hohes S und ein hohes G. In der Kundenbetreuung spielen die Dimensionen D und I eine untergeordnete Rolle. Der Umsatz entsteht in der Regel aus der Einhaltung von Prozessen und weniger aus der eigenen Zielstrebigkeit. Die Menschen, mit denen der Vertriebler zu tun hat, müssen nicht von den eigenen Produkten überzeugt werden, sie kaufen sie ja schon. Es stellt sich also folgendes Bild dar:

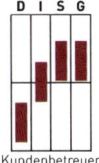

Kundenbetreuer

Das Profil des Kundenbetreuers steht im klaren Gegensatz zum Neukundenvertriebler. Die Anforderungen an den Rekrutierungsprozess sind demnach sehr unterschiedlich: Das hohe S wird Zeit brauchen, sich zu entscheiden. Geben Sie ihm also nach jedem Prozessschritt ausreichend Zeit für eine Entscheidung. Der Kundenbetreuer wird sich im Vorfeld zu jedem weiteren Gespräch weitgehende Gedanken machen und Informationen sammeln – das heißt, hier braucht er Zeit. Der Rekrutierungsprozess darf daher gerne 6–8 Wochen dauern, jeweils mit 2–3 Wochen Abstand zwischen den einzelnen Gesprächen.

Unterlagen und Informationen sollen Daten und Fakten enthalten und eher den Arbeitsalltag und Ablauf beschreiben als die erwarteten Ergebnisse.

Ein Ausblick in die Zukunft ist nicht notwendig, wohl aber Referenzen und Erfolge des Unternehmens aus der Vergangenheit. Ein Bewerber wird sich gerne mit einem aktuellen Stelleninhaber unterhalten, am besten mit seinem Vorgänger. Hier wird deutlich, dass es eine gewisse Herausforderung sein wird, einen echten Kundenbetreuer für eine neu zu schaffende Position zu rekrutieren.

3) Der **Kundenentwickler**

In der Position geht es um Umsatzzuwachs, das heißt es müssen bei bestehenden Kunden neue Potenziale erschlossen werden, Kontakte zu neuen Ansprechpartnern und Abteilungen aufgebaut werden – das erfordert ein hohes I und ein tiefes S. Auf jeden Fall wird sich der Vertriebler auch mit bestehenden Umsätzen beschäftigen müssen, sich an etablierte Prozesse halten – das hohe G. Je höher der erwartete Umsatzzuwachs ist, desto höher muss auch das D sein. Es handelt sich also um folgendes Bild:

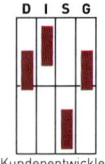

Kundenentwickler

Wichtig für den Rekrutierungsprozess ist, dass der Bewerber nicht die Geschwindigkeit eines Neukundenprozesses erwartet. Letztendlich muss der Kundenentwickler den Zug zum Abschluss entwickeln können, was sich in einer schnellen Entscheidungsfindung manifestiert. Das heißt, unabhängig davon mit wie viel Vorlauf die einzelnen Schritte des Auswahlprozesses terminiert werden, der Kundenentwickler benötigt immer ein schnelles Feedback. Er möchte sich auf jeden Termin detailliert vorbereiten, daher sollten in Unterlagen, Informationen und der Stellenausschreibung ausreichend Fakten, Daten und Hintergrundinformationen zur Verfügung gestellt werden. Während des Prozesses möchte der Kundenentwickler möglichst viele beteiligte Personen wie Vorgesetzte oder Mitarbeiter und im Idealfall auch Kunden kennenlernen.

! Praxistipp

Nutzen Sie den Prozess als Auswahlhilfe für den richtigen Mitarbeiter. Sollte einem Kandidaten der Prozess mit schnellen Feedbacks etc. zu schnell sein, haben Sie wahrscheinlich keinen Neukundenvertriebler vor sich. Sollte ein Bewerber von zu vielen Fakten und Daten gelangweilt sein oder diese nicht zur Vorbereitung genutzt haben, haben Sie sicherlich keinen Kundenbetreuer vor sich. Lassen Sie sich also nicht vom Kandidaten den Prozess und Erwartungen an den Prozess aufzwingen. Vermeiden Sie gleichzeitig, in den wichtigen Eckpfeilern des Prozesses nicht dem Zielprofil entsprechend zu arbeiten – dadurch verlieren Sie die richtigen Kandidaten. So wird ein echter Neukundenvertriebler kein Verständnis für zu langes Warten auf Feedback nach einem Gespräch haben. Denken Sie daran: Ihr Auswahlprozess ist der Spiegel für Ihr Vertriebsverständnis! Vermischen Sie nicht Verhaltensweisen aus den unterschiedlichen Profilen. Ist es zum Beispiel an einen Kundenbetreuer eine berechtigte Erwartung sich intensiv mit Ihrem Unternehmen im Vorfeld zu beschäftigen, sich die Webseite anzuschauen, Finanzzahlen zu ermitteln usw., so ist das bei einem Neukundenvertriebler nicht zwingend der Fall – er wird die Informationen erst im Gespräch erfragen und sich ansonsten auf seinen Instinkt und seine Flexibilität verlassen.

✎ Notizen

? Frage

Welche grundlegenden Entscheidungen muss ich treffen, bevor ich mich auf die Suche nach Vertriebsmitarbeitern mache?

Um die richtigen Mitarbeiter suchen, ansprechen und schließlich auswählen und gewinnen zu können, müssen Sie neben der Aufgaben- und Stellenbeschreibung verschiedene Punkte im Vorfeld klären, die Auswirkungen auf Vorgehensweise, Auswahlkriterien, aber auch den Informationsbedarf der Kandidaten haben.

Den Einfluss des vertrieblichen Grundprofils haben wir bereits beschrieben. Einen wichtigen Einfluss hat das Gehaltsmodell, das dem Kandidaten angeboten werden soll.

Da Neukundenvertriebler vor allem selbstbestimmt und ergebnisorientiert sein sollen, sollten Sie ihnen die Möglichkeit bieten, ein hohes Gehalt verdienen zu können. Dabei spielt die Höhe des Grundgehalts nicht die wichtige Rolle. Zusätzlich zum Grundgehalt sollten Sie ein Provisionsmodell im Sinne einer direkten Umsatzbeteiligung bieten, das einfach und nach oben nicht abgeriegelt ist. Für Neukundenvertriebler eignen sich Gehaltsmodelle im Verhältnis Fix zu Variabel von 50/50 bzw. 60/40. Damit ein hohes D von einer Provision motiviert wird, muss die Auszahlung zeitnah erfolgen, das heißt die Provisionsbe- und Abrechnung sollte auf monatlicher Basis erfolgen. Der Neukundenvertriebler wird die Provision nur dann als interessant empfinden, wenn er das System verstehen kann. Achten Sie daher darauf, dass die Provisionsregeln einfach und klar verständlich sind und vor allem in der frühen Phase des Auswahlprozesses bereits Umsatz- und sonstige Ziele besprochen werden. Denken Sie daran: ein Neukundenvertriebler will Geschwindigkeit im Prozess und selbst entscheiden können.

Für einen Kundenentwickler wird das Grundgehalt schon eine wichtigere Rolle spielen – eine Aufteilung Fix/Variabel von 70/30 ist sinnvoll. Bei Kundenentwicklern steht nicht so sehr der kurzfristige Erfolg im Mittelpunkt sondern die mittel- und langfristige Zielerreichung – daher sollten variable Gehaltsbestandteile quartalsweise und als fester Bonus bei Zielerreichung bezahlt werden. Ein Kundenentwickler wird im Gehaltspaket auch Wert darauf legen, dass er Prestige erhält, zum Beispiel in einem Firmenwagen, Handy oder Laptop.

Dem Kundenbetreuer müssen Sie ein „sicheres" Gehalt anbieten, sodass der variable Gehaltsbestandteil maximal 10 % betragen sollte. Wichtig ist, dass neben den Umsatzzahlen vor allem qualitative Ziele definiert werden. Die Be- und Abrechnung der Zielerreichung muss langfristig ausgelegt sein, sodass jährliche Bonuszahlungen hier am ehesten geeignet sind.

Neben den Gehaltsmodellen muss das Zielsystem bekannt sein und eindeutige Ziele definiert sein, die der neue Vertriebsmitarbeiter später erfüllen soll. Wie auch beim Gehaltssystem ist darauf zu achten, dass die Ziele für den Neukundenvertriebler kurzfristig erreichbar und umsatzorientiert sind, für den Kundenbetreuer müssen sie langfristig und qualitativ sein. Für den Kundenentwickler bieten sich Drei-Monatsziele an mit einer starken Umsatzorientierung. Um dem qualitativen Anspruch eines Kundenentwicklers gerecht zu werden, können Sie zum Beispiel die Verbesserung der Deckungsbeitrags-Marge o. ä. als zusätzliches Ziel definieren.

! Praxistipp

Nutzen Sie die Gehalts- und Zielsysteme als Filterkriterium für Ihre Kandidaten. Wenn Sie in einem frühen Stadium der Auswahl ein klares Gehalts- und Zielkonzept vertreten, werden Sie die Kandidaten abschrecken, die nicht das richtige Profil haben und Ihre Auswahl durch das Ausschlussverfahren optimieren. Auch hier gilt: im Bereich Neukundenvertrieb können Sie sehr früh entsprechende Informationen an den Kandidaten geben, beim Kundenbetreuer sollten Sie Informationen zu Geld und Zielen erst dann kommunizieren, wenn der Kandidat Job und Umfeld verstanden hat.

Notizen

Bevor Sie sich auf die Suche nach Kandidaten machen, müssen Sie den Auswahlprozess definieren und alle beteiligten Personen entsprechend informieren. Bewerbern mit einem hohen Sicherheitsbedürfnis sollten Sie die Inhalte des Prozesses frühzeitig und am besten schriftlich geben. Um den Erwartungshaltungen der Kandidaten an die Prozessdauer gerecht werden zu können, ist es sinnvoll, Termine für mögliche Kandidatengespräche in den Kalendern aller Beteiligten zu hinterlegen, bevor Sie mit der Suche beginnen. Nur so können Sie zum Beispiel sicherstellen, dass Sie bei Neukundenvertrieblern schnell sein können oder bei den Kundenbetreuern in zwei Wochen die notwendigen Personen für ein Vorstellungsgespräch auch wirklich Zeit haben. Definieren und informieren Sie auch frühzeitig die Personen, die im Auswahlprozess involviert sind. Wer das ist – dazu später mehr.

Als letztes gilt es, die Einarbeitung für die neuen Mitarbeiter zu definieren. Diese wird für Kandidaten eine wichtige Rolle im Entscheidungsprozess spielen. Wie schnell kann ich Ziele erreichen? Welche Schulungen erhalte ich und wie helfen mir diese, meine Ziele zu erreichen? Das sind die typischen Fragen eines Neukundenvertrieblers. Wie werde ich in den Kunden eingearbeitet, wie kann ich dort die Beziehung aufbauen? Dies sind wichtige Fragen für einen Kundenentwickler. Was muss ich lernen, um keine Fehler zu machen, wie wird mir das beigebracht werden und wie viel Zeit habe ich dafür – das sind wahrscheinliche Fragen eines Kundenbetreuers. Achten Sie bei der Definition des Einarbeitungsprogramms darauf, dass die Verkäufertypen unterschiedliche Erwartungshaltungen haben werden.

! Praxistipp

Welchen Tipp würden Sie sich hier selbst geben? Richtig! Nutzen Sie die Beschreibung des Einarbeitungsprogramms als Filter. Achten Sie darauf, was der Bewerber zum Einarbeitungsprogramm wissen will. Es gibt Ihnen Aufschluss darüber, welches Grundprofil er haben könnte und ob er zu Ihnen passt.

✓ Checkliste

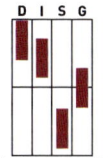

Neukundenvertrieb

Zu erwartende Verhaltensweisen der unterschiedlichen Vertriebstypen im Bewerbungsprozess:

Der Neukundenvertriebler

Bewerbung	• zielorientierte Kommunikation schriftlich wie mündlich • Angabe von Umsatzzielen und Zielerreichungsquoten im Lebenslauf • formuliert klare Ziele und seine Stärken
Ansprache	• antwortet knapp und präzise • fragt nach Aufgabe und vor allem nach Verantwortung • fragt nach Entscheidungsprozess und anderen Bewerbern
Vorstellungsgespräche	• fester Händedruck; schaut in die Augen • fragt nach Zielvorgaben • fragt am Ende nach Status und Chance seiner Bewerbung
Entscheidung	• entscheidet schnell innerhalb weniger Tage • verhandelt den Vertrag in wichtigen Punkten • entscheidet für die Position (nicht im Vergleich mit anderen)
Allgemein	• bleibt aktiv „am Ball", hält selber Kontakt • stellt immer wieder die Abschlussfrage nach Chancen und Status • „fordert" und vereinbart nächste Schritte
Untypisch	• Interesse an zu vielen Details • wartet auf anderes Angebot, um sich zu entscheiden • unsicher in eigenen Zielen

✓ Checkliste

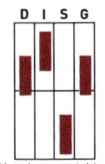

Kundenentwickler

Zu erwartende Verhaltensweisen der unterschiedlichen Vertriebstypen im Bewerbungsprozess:

Der Kundenentwickler

Bewerbung	• bezieht sein Anschreiben auf Unternehmen und ggfs. Beziehungen im Unternehmen • listet Projekte und Aufgabenbereiche auf • teilweise ausgefallene und verspielte Bewerbung
Ansprache	• fragt nach Hintergründen der Firma • antwortet visionär und zukunftsbezogen • fragt nach Termin und Möglichkeit zum Kennenlernen
Vorstellungsgespräche	• hat sich über Philosophie und Strategie der Firma informiert • nutzt evtl. vorhandene Flipcharts und Whiteboards • stellt viele offene Fragen
Entscheidung	• entscheidet schnell und eher personenabhängig • stellt effektive Einarbeitung sicher, bevor er sich entscheidet • beratschlagt sich mit vertrauten Personen
Allgemein	• gut informiert über das Unternehmen und Strategie • betreibt aktiv Networking und spricht darüber • ist interessiert an Strukturen und Hierarchien
Untypisch	• starkes Interesse an Details der Aufgabe • keine alternativen Jobangebote • unvorbereitete Termine

 Checkliste

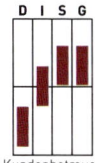
Kundenbetreuer

Zu erwartende Verhaltensweisen der unterschiedlichen Vertriebstypen im Bewerbungsprozess:

Der Kundenbetreuer

Bewerbung	• ausführliche und vollständige Unterlagen • klassisches Format der Bewerbungsmappe • detaillierter Lebenslauf mit Fokus auf Aufgabenbeschreibung
Ansprache	• zurückhaltend und vorsichtig in der Kommunikation • knapp und eher unpersönlich am Telefon • fragt nach Grund des Anrufs und wie man auf ihn kommt
Vorstellungsgespräche	• stellt detaillierte Fragen zur Aufgabe • schreibt detailliert und viel mit • nimmt passive Rolle im Gespräch ein
Entscheidung	• benötigt Zeit • „dreht mehrere Runden" • verhandelt auch nebensächliche Details
Allgemein	• sehr exakt in allem, was er tut • interessiert an Details • ist freundlich und sympatisch, aber zurückhaltend
Untypisch	• Fragen, die in die Zukunft gerichtet sind • schnelle Bauchentscheidungen • abschweifende und lange Termine

 **Checkliste**

Gehaltsmodelle für Vertriebstypen

Der Neukundenvertriebler

Modell
- Aufteilung Fix/Variabel: 50/50 oder 60/40
- kompletter Umsatz wird verprovisioniert
- direkte Umsatz- oder Deckungsbeitragsbeteiligung

Motivierende Faktoren
- beschleunigende Faktoren bei Zielübererfüllung, ohne Abriegelung
- klare, beeinflussbare Umsatzziele – monatliche Verprovisionierung
- kurzfristige Erfolgsmöglichkeiten

Demotivierende Faktoren
- komplizierte Berechnungen der Provision
- großer Zeitunterschied zwischen Umsatz und Provision
- Faktoren, die außerhalb seines Einflusses liegen

Der Kundenentwickler

Modell
- Aufteilung Fix/Variabel: 70/30 oder 80/20
- Beteiligung nur am Umsatzwachstum des Kunden
- Umsatz- oder Deckungsbeitragsprovision – vierteljährlich

Motivierende Faktoren
- qualitative Beurteilung des Beziehungsausbaus
- Beurteilung der Kundennähe
- Beurteilung des Marktanteils bei Kunden

Demotivierende Faktoren
- kurzfristige Umsatzziele
- Belohnung von „Wiederholungsumsatz"
- vergleichende Systeme

Der Bestandskundenbetreuer

Modell
- Aufteilung Fix/Variabel: 90/10
- Bonuszahlungen bei Erfüllung qualitativer Ziele
- halbjährliche oder jährliche Bonuszahlung

Motivierende Faktoren
- Beurteilung der Qualität der Arbeit
- sichere „variable" Gehaltsbestandteile
- vorhersehbares Stufenmodell

Demotivierende Faktoren
- kurzfristige, zahlenorientierte Ziele
- Ziele und Boni, die an Aufbau von Neuem geknüpft sind
- vergleichende Systeme

 **Checkliste**

Erwartungen der Vertriebstypen an die Einarbeitung

Der Neukundenvertriebler

Erwartungen an ein Einarbeitungsprogramm

- verkaufsorientiert
- Konzentration auf die wichtigsten Erfolgsfaktoren
- Schulung durch kompetenten, praxiserfahrenen Trainer
- Lernen von den Besten und Erfolgreichsten
- dynamische Anpassung an tatsächlichen Bedarf

Fragen im Auswahlprozess

- Wie lange dauert es, bis ich alleine erfolgreich sein kann?
- Welche Kunden bekomme ich während der Einarbeitung?
- Wie verdiene ich meine Provision während der Einarbeitung?

Der Kundenentwickler

Erwartungen an ein Einarbeitungsprogramm

- Übergabe der Kundenbeziehungen
- Hintergrundinformationen über Zielkunden und Märkte
- taktische und strategische Schulungen
- Kennenlernen der Kollegen und Team Building
- Besuch von Fachvorträgen

Fragen im Auswahlprozess

- Von wem werde ich bei den Kunden eingeführt?
- Wer hilft bei historisch schwierigen Kundenbeziehungen?
- Wie ist nach der Einarbeitung das weitere Schulungsprogramm?

Der Kundenbetreuer

Erwartungen an ein Einarbeitungsprogramm

- Erlernen der Prozesse und Systeme
- Kennenenlernen der Kollegen und Teamregeln
- Verstehen der Historie der Kundenbeziehung
- theoretischer Hintergrund
- schriftliche Dokumentation der Schulungen, Lehrbücher etc.

Fragen im Auswahlprozess

- Wie kann ich mich im Vorfeld auf die Aufgabe vorbereiten?
- Wer ist außerhalb der Schulungen Ansprechpartner für Fragen?
- Was muss ich genau lernen, um den Job zu können?

✓ Checkliste

Rekrutierungsprozess Vertriebsmitarbeiter

	Thema	erledigt ja / nein	vgl. Seite
1	Ist die Stelle genehmigt?		
2	Liegt die Stellenbeschreibung vor?		36
3	Ist das Grundprofil definiert?		18 ff.
4	Ist die Job/Skill-Matrix erstellt?		114
5	Liegt ein Gehaltsmodell vor?		30 ff.
6	Liegt ein Einarbeitungskonzept vor?		32
7	Sind die Kriterien für die Beurteilung der Unterlagen definiert?		134
8	Sind die Kriterien für die Beurteilung der Vorstellungstermine definiert?		140
9	Ist die Suchstrategie definiert?		49 ff.
10	Ist die Ansprachestrategie definiert?		68 ff.
11	Sind die Auswahlkriterien definiert?		104 ff.
12	Ist der Entscheidungsprozess definiert?		36 ff.

Die Rekrutierungsstrategie – Allgemeines

Bevor Sie dieses Kapitel lesen, nehmen Sie sich bitte einige Minuten Zeit, um folgende Fragen zu beantworten:

Stellen Sie sich die drei erfolgreichsten Vertriebsmitarbeiter Ihres Unternehmens vor. Wie haben Sie sie damals gefunden?

_____

_____

_____

Was motiviert einen Menschen, sich bei einem Unternehmen zu bewerben, vorausgesetzt er ist derzeit NICHT aktiv auf der Suche nach einem neuen Job?

_____

_____

_____

Ergänzen Sie diesen Satz in drei möglichen Varianten: Ein guter Bewerbungsprozess bedeutet für mich als einstellendes Unternehmen …

1) _____

2) _____

3) _____

Ergänzen Sie diesen Satz in drei möglichen Varianten: Ein guter Bewerbungsprozess bedeutet für mich als Bewerber …

1) _____

2) _____

3) _____

? Frage

Was ist eine Rekrutierungsstrategie?

Wikipedia definiert den Begriff Strategie als: „… geplante Verhaltensweisen der Unternehmen zur Erreichung ihrer Ziele …“

Somit geht es bei der Definition der Rekrutierungsstrategie um die Definition der Rekrutierungsziele sowie die Erstellung einer Reihe von Aktivitäten (= Plan), mit denen Sie die Einstellungsziele erreichen sollen.

Das wichtigste Ziel bei der Rekrutierung ist es, Mitarbeiter zu finden, die der Stellenbeschreibung entsprechen. Insofern stellt die Stellenbeschreibung und das damit verbundene Anforderungsprofil die zentrale Zielsetzung bei der Rekrutierung dar.

? Frage

Wie muss ich eine Stellenbeschreibung gestalten, damit ich sie bei der Rekrutierung von Vertriebsmitarbeitern verwenden kann?

Die Stellenbeschreibung im Vertrieb entspricht im Großen und Ganzen der klassischen Stellenbeschreibung. Wichtige Elemente sind:

- Stellenbezeichnung
- Stellenziel
- Berichtslinie
- Gehalt aufgeteilt in Grundgehalt und variablen Bestandteil
- Aufgaben
- Umsatzziele und qualitative Ziele
- Anforderungen
- Auswahlkriterien

Um eine Stellenbeschreibung für die Rekrutierung nutzbar zu machen, ist es sinnvoll, in der Stellenbeschreibung auch zu hinterlegen, wo eventuell geeignete Kandidaten gefunden werden können. Wichtig ist es auf jeden Fall, neben den Anforderungen auch die Auswahlkriterien bereits mit der Stellenbeschreibung festzulegen. Nur so kann gewährleistet werden, dass Sie den Kandidaten im Hinblick auf die Anforderungen auswählen und nicht aus dem Gefühl heraus. Gerade bei Vertrieblern ist diese Gefahr besonders groß, da ihre Kernkompetenz im Verkaufen besteht, also darin, den emotionalen Wunsch zu schaffen, den Kandidaten einzustellen. Davor können Sie sich am besten schützen, indem Sie nicht nur definieren, was Sie suchen, sondern auch, an welchen Kriterien Sie es erkennen.

Wie Anforderungen und Kriterien definiert werden, können Sie im Kapitel „Arbeiten mit Auswahlkriterien" (vgl. Seite 104) nachlesen.

Für die Stellenbeschreibung ist aus Rekrutierungssicht wichtig, dass Sie Kriterien für die einzelnen Auswahlphasen definieren. Unterscheiden Sie dabei mindestens die „Kriterien für die Bewerbungsphase" und „Kriterien für die Phase der Vorstellungsgespräche".

Das erste, was Sie üblicherweise von einem Bewerber sehen, ist seine Bewerbungsmappe, bestehend aus einem Lebenslauf (oft auch als CV oder Profil bezeichnet), einem Anschreiben, Zeugnissen und zum Teil einem Lichtbild. Damit Sie objektive Entscheidungen darüber treffen können, wen Sie zu einem ersten Gespräch einladen, müssen Sie nun festlegen, was Sie in der Bewerbungsmappe sehen wollen, um einen Kandidaten in die engere Auswahl zu nehmen. Tun Sie das nicht, ist die Gefahr groß, dass Sie sich von optischen oder teilweise auch interessanten Faktoren leiten lassen, die letztendlich für die Position aber keine Bedeutung haben. Mögliche Kriterien finden Sie in der Checkliste auf Seite 45 ff.

 Übung

Erstellen Sie eine Liste mit Kriterien, mit denen Sie entscheiden können, welche Lebensläufe Sie in die engere Wahl nehmen. Unterscheiden Sie zwischen harten (= K.O.) Kriterien und weichen Kriterien. Vergleichen Sie die Liste jetzt mit den Anforderungen an die Position aus Ihren Stellenbeschreibungen. Stellen die Kriterien eine Messlatte für die wichtigsten Anforderungen dar? Welche wichtigen Anforderungen sind nicht über die Kriterien abgedeckt?

Am Ende des Kapitels sehen Sie drei Stellenbeschreibungen als Beispiel, wie Sie für die Rekrutierung sinnvoll nutzbar sind.
Bei der Definition des Einstellungsziels geht es nicht nur um die Definition der Anzahl und der Art der zu rekrutierenden Mitarbeiter und deren Profile, sondern auch um die Definition aller Rahmenbedingungen, unter denen die Rekrutierung erfolgen soll.

 Übung

Erstellen Sie eine Liste von Rahmenbedingungen, die bei der Rekrutierung Ihrer Vertriebsmitarbeiter erfüllt sein müssen. Nutzen Sie dazu bitte die Vorlage auf Seite 48.

Im Bereich der Rekrutierung werden zwei Grundstrategien unterschieden:

- die Auswahlstrategie
- die Entscheidungsstrategie

Bei der **Auswahlstrategie** wird versucht, aus einer Vielzahl von Bewerbern den besten herauszufiltern. Die verfügbaren Bewerber werden untereinander verglichen. Die Vorteile der Strategie liegen darin, dass Sie auch zu einer Entscheidung kommen können, ohne eine klare Vorstellung von den Anforderungen und dem Stellenprofil zu haben. Sie können von den Bewerbern, die die Grundvoraussetzungen bieten, den besten nehmen und haben damit relative Sicherheit in der Besetzung. Der Nachteil dieser Strategie liegt vor allem darin, dass Sie sich leicht dazu verleiten lassen, nur die Kandidaten untereinander zu vergleichen und nicht das Stellenprofil und das Anforderungsprofil als Basis der Entscheidung zu nehmen. Häufig verlangsamen sich auch die Entscheidungsprozesse, da Sie noch weitere Kandidaten sehen wollen. Das stellt vor allem bei Positionen im Neukundenvertrieb ein

Problem dar. Da bei dieser Strategie dem einzelnen Bewerber von Anfang an keine Verbindlichkeit und kein uneingeschränktes Interesse entgegengebracht werden kann (man vergleicht ihn ja mit einem evtl. besseren Kandidaten), verlieren Kandidaten mit hohem Anerkennungsbedürfnis im Profil schnell das Interesse. Dieses Profil finden Sie vor allem bei der Kundenentwicklung.

Die **Entscheidungsstrategie** beruht darauf, dass jeder einzelne Bewerber ausschließlich im Hinblick auf die Anforderungskriterien und ob er diese erfüllen kann, beurteilt wird. Erfüllt ein Bewerber die Anforderungen, wird ihm ein Vertragsangebot gemacht, weitere Bewerber werden nicht angeschaut. Der Vorteil der Strategie liegt in der Geschwindigkeit, da Sie mit dem Auswahlprozess beginnen können, sobald der erste geeignete Bewerber vorhanden ist. Auch ist die Sicherheit, die Stelle richtig zu besetzen, höher, da Sie sich nicht vom Vergleich mit anderen Bewerbern leiten lassen, sondern immer nur das Anforderungsprofil im Blick haben. Da Entscheidungen in der Regel zu 87 % auf Emotionen beruhen, ist das ein wichtiger Erfolgsfaktor. Der Nachteil liegt darin, dass Sie sich bei den Anforderungskriterien sicher sein und diese auch klar und vergleichbar bestimmen müssen. Weiche Auswahlkriterien, wie zum Beispiel „Vertriebsbiss", müssen Sie messbar machen.

✎ Notizen

❓ Frage

Ist bei der Rekrutierung von Vertriebsmitarbeitern die Entscheidungsstrategie oder die Auswahlstrategie die bessere?

Eine einheitliche Antwort ist nicht möglich – wie so oft hängt es von der Situation ab. Auch gibt es nicht DIE richtige Strategie in der jeweiligen Situation. Es gibt aber Situationen und Profile, in denen die eine oder die andere Strategie die geeignetere ist.

Um die Entscheidung zu treffen, bewerten Sie folgende Einflussfaktoren:

Klarheit im Stellen- und Anforderungsprofil: Wenn es nicht möglich ist, die Anforderungskriterien eindeutig zu definieren, ist eine Entscheidungsstrategie nur schwer umsetzbar. Prüfen Sie, ob Sie eindeutige Kriterien zur Entscheidungsfindung haben. Prüfen Sie, ob die Kriterien aus unterschiedlichen Bereichen kommen. Wie Auswahlkriterien definiert sein müssen, um eine Entscheidungsfindung zu ermöglichen, lesen Sie im Kapitel „Arbeiten mit Auswahlkriterien". Wenn Sie eine hohe Unsicherheit darin haben, was die Stelle konkret erfordert, müssen Sie allgemeine Kriterien bilden. In diesem Fall empfiehlt es sich, mehrere Kandidaten zu sehen.

Verfügbare Zeit: Müssen Positionen schnell besetzt werden, empfiehlt sich die Entscheidungsstrategie.

Der Rekrutierungskanal: Wenn der Rekrutierungskanal, über den Sie die Bewerber ansprechen (vgl. Kapitel „Suchen, Finden und Ansprache von Kandidaten"), schnelle Ergebnisse liefert, können Sie eine Entscheidungsstrategie wählen. Bedingt der Kanal einen langfristigen Such- und Anspracheprozess, ist der Auswahlprozess der bessere.

Anzahl verfügbarer Kandidaten im Markt: Um eine Auswahlstrategie umsetzen zu können, müssen in relativ kurzer Zeit mehrere geeignete Profile gefunden werden. Um das zu erreichen, müssen im Markt ausreichend potenzielle Bewerber verfügbar sein. Ein enger Markt mit hohem Wettbewerbsdruck in der Rekrutierung spricht daher eher für die Entscheidungsstrategie.

Das Mitarbeiterprofil: Suchen Sie einen Neukundenvertriebler, so dominiert das „D" im Profil, das heißt, der Bewerber wird ein Mensch sein, der schnell entscheidet. Entscheidungen müssen in seinem Verständnis im Hinblick auf das Ergebnis getroffen werden. Insofern ist im Neukundenvertrieb die Entscheidungsstrategie die bessere. Bei der Kundenentwicklung ist im Profil die Beziehungsfähigkeit von oberster Bedeutung. Beziehungsfähigkeit beruht in der Verhaltensdimension „I" (vgl. Kapitel „Hintergründe über Aufgaben und Jobprofile im Vertrieb"), die wiederum als wichtigste Motivation die Anerkennung hat. Menschen mit solchen Profilen wollen im Mittelpunkt stehen. Hier ist ebenfalls die Entscheidungsstrategie die bessere Möglichkeit. Kundenbetreuer haben eine hohe Genauigkeit und Prozessorientierung – ein Profil, das alle Fakten sammelt und alle Möglichkeiten gegeneinander abwägen will. Die Auswahlmethode ist hier die geeignetere.

Letztendlich wird auch Ihr persönliches Verhaltensprofil einen Einfluss auf die von Ihnen bevorzugte Strategie haben. Bedenken Sie dabei aber immer, dass die Strategie nicht von Ihnen, sondern allein von den Rekrutierungszielen und den Rahmenbedingungen abhängt.

! Praxistipp

Entscheiden Sie im ersten Schritt zunächst über die „harten" Kriterien, welche Lebensläufe in die engere Wahl kommen und evtl. eingeladen werden. Überprüfen Sie jetzt ggf., ob die Entscheidung für die Grundstrategie die richtige war. Haben Sie sich zum Beispiel für eine Auswahlstrategie entschieden und nur einen Lebenslauf in der engeren Wahl für Vorstellungsgespräche, sollten Sie ggfs. den Prozess beschleunigen und eine Entscheidungsstrategie fahren. Haben Sie auf der anderen Seite eine Entscheidungsstrategie und haben zehn Lebensläufe in der engeren Wahl für Vorstellungsgespräche, kann es unter Umständen sinnvoller sein, eine Auswahlstrategie für die erste Vorstellungsrunde zu verwenden und einen Bewerbertag oder ein Assessment-Center zu veranstalten. Halten Sie nicht um der Strategie willen an einer Vorgehensweise fest. Wenn sich die Rahmenparameter ändern, ist es oft sinnvoll, besser oder notwendig die Vorgehensweise zu ändern. Letztendlich geht es immer darum, das Ziel zu erreichen, und nicht darum, eine Vorgehensweise durchzusetzen.

Unabhängig davon, ob Sie eine Auswahl- oder eine Entscheidungsstrategie wählen, besteht der Rekrutierungsprozess aus drei Unterstrategien, die im Folgenden getrennt voneinander behandelt werden. Achten Sie darauf, dass Sie zunächst die gesamte Strategie definieren und eine vollständige To-Do-Liste aus ihr ableiten, bevor Sie mit dem ersten Schritt, der Suche, dann tatsächlich beginnen.

Die drei Bestandteile des Rekrutierungsprozesses sind:

- Suchen, Finden und Ansprache möglicher Kandidaten
- Auswahl und Gewinnen der richtigen Kandidaten
- Vertragsabschluss und Einarbeitung

Notizen

✓ Checkliste

Stellenbeschreibung Neukundenvertrieb

Stellenbeschreibung/Anforderungen	Kriterien
Stellenziel	**Lebenslauf oder Angaben im Gespräch**
Akquisition von Neukunden	Angaben über Anteil Neukundenvertrieb
Aufbau neuer Umsatz von x € p. a.	Angaben über erreichte Umsätze
Aufbau neue Kunden mit x € p. a.	Angaben über Umsatzziele
Berichtslinie	**Auswahlkriterien**
Teamleiter, GF	leitende ehrenamtl. Tätigkeit, z. B. Sport-Trainer, Vereinsvorsitz
Aufgabenbeschreibung	**Bisherige Tätigkeiten o. Nebentätigkeiten**
Telefonakquisition von Neukunden	Tätigkeit im Call-Center bzw. Erfahrung in der telefonischen Kundengewinnung
Kundenbesuche zur Akquisition	Promoter-Jobs, bzw. Außendiensterfahrung
Gewinnung von Aufträgen	nachgewiesene Erfolge in der Kundengewinnung
Datenbankpflege + Berichtswesen	Erfahrungen in administrativen Tätigkeiten sind vorhanden, werden aber nur am Rande erwähnt
Anforderungsprofil	**Kriterien**
solide kaufmännische Ausbildung idealerweise Studienabschluss	Ausbildung lt. CV Studienabschluss oder anderes abgeschlossenens „Projekt" über die Schule hinaus
internationale Erfahrung	mindestens zwei Auslandsaufenthalte länger als zwei Monate
Verständnis für Vertrieb	Berufserfahrung im Kundenkontakt oder entsprechende Nebenjobs
erste Vertriebserfahrung	hat bereits im Vertrieb mit Kundenkontakt gearbeitet und nicht nur im Marketing
zielorientiert	vielseitige Hobbies
einsatzbereit	außergewöhnliche Hobbies
eigenverantwortlich	zusätzliches Engagement in Vereinen oder Verbänden
selbstständig arbeitend	Führungsaufgaben in Vereinen, Organisationen oder in Schule/Hochschule
teamorientiert	Mannschaftssportarten mit Wettkampfcharakter, Theatergruppe oder Musikband
strukturiert kommunikationsstark sicher im Umgang am PC	beschreibt seine Ziele im Lebenslauf Angabe PC-Kenntnisse

 **Checkliste**

Stellenbeschreibung Kundenentwicklung

Stellenbeschreibung / Anforderungen	Kriterien
Stellenziel Akquisition von neuen Umsatzfeldern bei bestehenden Kunden Aufbau neuer Umsatz von x € p. a.	**Lebenslauf oder Angaben im Gespräch** Angaben über neu gewonnene Umsatzfelder Angaben über bearbeitete Märkte / Kunden, Angaben über Umsatzziele
Berichtslinie Teamleiter, GF	**Auswahlkriterien** Leitende ehrenamtl. Tätigkeit z. B. Vereinsvorsitz, Kommunalpolitik
Aufgabenbeschreibung Telefonakquisition von neuen Umsatzbereichen Kundenbesuche zur Akquisition Gewinnung von Aufträgen Datenbankpflege + Berichtswesen	**Bisherige Tätigkeiten o. Nebentätigkeiten** Tätigkeit im Call-Center bzw. Erfahrung in der telefonischen Kundengewinnung Tätigkeiten im Bereich Medien nachgewiesene Erfolge in der Kundengewinnung Erfahrungen in administrativen Tätigkeiten sind vorhanden, werden aber nur am Rande erwähnt
Anforderungsprofil solide kaufmännische Ausbildung idealerweise Studienabschluss internationale Erfahrung Verständnis für Vertrieb erste Vertriebserfahrung zielorientiert zuverlässig eigenverantwortlich selbstständig, ausdauernd und genau arbeitend teamorientiert strukturiert kommunikationsstark sicher im Umgang am PC	**Kriterien** Ausbildung lt. CV Studienabschluss oder anderes abgeschlossenes „Projekt" über die Schule hinaus mindestens zwei Auslandsaufenthalte länger als zwei Monate Berufserfahrung im Kundenkontakt oder entsprechende Nebenjobs hat bereits im Vertrieb mit Kundenkontakt gearbeitet und nicht nur im Marketing vielseitige Hobbies Sorgfalt der Unterlagen zusätzliches Engagement in Vereinen oder Verbänden Teamaufgaben in Vereinen, Organisationen oder in Schule / Hochschule Mannschaftssportarten mit Wettkampfcharakter, Theatergruppe oder Musikband beschreibt seine Kontakte / Netzwerk im Lebenslauf Nebenjobs in der Gastronomie Angabe PC-Kenntnisse

 **Checkliste**

Stellenbeschreibung Kundenbetreuung

Stellenbeschreibung/Anforderungen	Kriterien
Stellenziel	**Lebenslauf oder Angaben im Gespräch**
Betreuung der bestehenden Kunden	Angaben über betreute Kunden
Erreichen konstanter Umsatzziele	Angaben über Arbeitsweise
Ausbau und Pflege der Kundenbeziehung	Angaben über Art der Aufgabe
Berichtslinie	**Auswahlkriterien**
Teamleiter, GF	Ehrenamtl. Tätigkeit im gemeinnützigen Bereich, z. B. Kirchen, freiw. Feuerwehr
Aufgabenbeschreibung	**Bisherige Tätigkeiten o. Nebentätigkeiten**
Telefonische Betreuung und Umsatzakquisition	Tätigkeiten in beratenden Funktionen, z. B. Hotline, Service
Kundenbesuche zur Kontaktpflege	Vertriebsjobs über persönliche Kontakte, z. B. Tupperware
Einholen und Bearbeiten von Aufträgen	nachgewiesene Erfolge in der Kundenbetreuung
Datenbankpflege + Berichtswesen	Erfahrungen in administrativen Tätigkeiten sind vorhanden und werden detailliert aufgeführt
Anforderungsprofil	**Kriterien**
solide kaufmännische Ausbildung	Ausbildung lt. CV
idealerweise Studienabschluss	Studienabschluss oder anderes abgeschlossenes „Projekt" über die Schule hinaus
Verständnis für Vertrieb	Berufserfahrung im Kundenkontakt oder entsprechende Nebenjobs
erste Vertriebserfahrung	hat bereits im Vertrieb mit Kundenkontakt gearbeitet und nicht nur im Marketing
ausdauernd	wenige, aber intensive Hobbies
zuverlässig	sorgfältige und sehr ausführliche Unterlagen
genau arbeitend	unterstützende Tätigkeiten in Vereinen, z. B. Kassenwart
teamorientiert	Mannschaftssportarten
strukturiert	Vorliebe für Strategie-Spiele, Teilnahme an Fortbildungen
verständnisvoll	beschreibt seine Kontakte/Netzwerk im Lebenslauf
sicher im Umgang am PC	ausführliche Angabe PC-Kenntnisse

✓ Checkliste

Fachliche Auswahlkriterien

Rahmenbedingungen für die Rekrutierung in Ihrem Unternehmen		
Zielsetzung	**gesetzter Rahmen**	**Risiko bzw. Problem, wenn das Ziel nicht erreicht wird**
neuer Mitarbeiter beginnt zeitnah	spätester Start ist 1.1.20XX	fehlender Deckungsbeitrag im Jahr 20XX
Rekrutierung erfolgt „geheim"	Wettbewerb erfährt erst dann von der erhöhten Marktpräsenz, wenn die neuen Mitarbeiter angefangen haben	Wettbewerb stellt sich auf verstärkte Marktpräsenz ein
...	...	...

 Checkliste

Checkliste zur Definition der Grundstrategie

Schritt 1:	Wenn eine der u. a. Aussagen für Sie zutrifft, tragen Sie die Punkte in das dafür vorgesehene Kästchen ein. Trifft eine Aussage nicht zu, werden keine Punkte vergeben.
Schritt 2:	Summieren Sie die Punkte für die jeweilige Strategie.
Schritt 3:	Die Strategie mit der höheren Punktzahl ist die geeignetere. Wenn beide Strategien über 5 Punkte haben, sind beide eine reale Option. Wenn beide unter 5 Punkten sind, müssen Sie überlegen, in welchem Kriterium Sie „Hausaufgaben" haben.

	Punkte	Auswahlstrategie	Entscheidungs-strategie
Es liegt ein klares Anforderungsprofil mit Stellenziel, Anforderungskriterien und Auswahlkriterien vor.	1		▨
Es gibt keine harten, zahlenbasierte Kriterien.	1	▨	
Es muss eine schnelle Entscheidung getroffen werden.	1		▨
Der Zugang zu potenziellen Bewerbern ist schnell.	1	▨	
Der Markt bietet ausreichend Bewerber.	2	▨	
Der Schwerpunkt der Tätigkeit ist Kundenbetreuung.	3	▨	
Der Schwerpunkt der Tätigkeit ist Kundenentwicklung.	2		▨
Der Schwerpunkt der Tätigkeit ist Neukundengeschäft.	3		▨
Derzeit stellen viele meiner Konkurrenten das gleiche Profil ein.	2		▨
Ich rekrutiere über verschiedene Kanäle.	2	▨	
Ich habe bereits mehrfach eine ähnliche Position im Unternehmen besetzt.	1		▨
Es ist wichtiger die Position zu besetzen, als den perfekten Kandidaten zu finden.	1	▨	
Summe			

Die Rekrutierungsstrategie – Suchen, Finden und Ansprache möglicher Kandidaten

Bevor Sie dieses Kapitel lesen, nehmen Sie sich bitte einige Minuten Zeit, um folgende Fragen zu beantworten:

Worauf würden Sie als Bewerber achten, wenn Sie von einem Unternehmen auf einen Job angesprochen werden?

_____

_____

_____

Was schreckt Sie bei Stellenanzeigen ab und hält Sie von einer Bewerbung ab?

_____

_____

_____

Ergänzen Sie folgenden Satz: ein gutes Stellenangebot bedeutet für mich …
1) _____
2) _____
3) _____

Was erwarten Sie als Unternehmen von einem Bewerber in der Kontaktaufnahme-Phase?

_____

_____

Suchen und Finden von ausreichend Kandidaten

Über welche Wege Sie grundsätzlich Vertriebsmitarbeiter finden können, ist im folgenden Abschnitt des Kapitels beschrieben. Die Entscheidung, welche der Kanäle am besten für Ihre Rekrutierungsstrategie geeignet sind, wird von den Einflussfaktoren und Umständen Ihrer Suche abhängen, die im darauf folgenden Abschnitt beschrieben und mit einer Entscheidungshilfe dargestellt werden. Wie mit den unterschiedlichen Kanälen gearbeitet werden kann, ist im letzten Abschnitt des Kapitels dargestellt.

? Frage

Welche Kanäle gibt es, über die ich Vertriebsmitarbeiter finden kann?

Die verfügbaren „Beschaffungskanäle" unterscheiden sich nicht von den Kanälen für andere Berufe. Daher gehen wir hier nur kurz und in Übersichtsform auf sie ein:

- Zeitungsanzeigen
- Jobbörsen und Internetportale
- Internet-Netzwerkplattformen und Communities
- Hochschulmarketing
- Jobmessen
- Ausbildung und interne Rekrutierung
- Personalvermittler

Zeitungsanzeigen: Sie sind nach wie vor der bekannteste und am meisten verbreitete Kanal zur Personalbeschaffung. Die Anzeige kann anonym oder mit Angabe des Firmennamens geschaltet werden. In der Regel erscheinen Stellenanzeigen in den großen überregionalen oder regionalen Tages- und Wochenzeitungen, normalerweise samstags oder donnerstags.

Jobbörsen und Internetportale: Seit Mitte der 90er Jahre ist dieser Kanal auf dem Vormarsch und wird immer häufiger genutzt. Jobbörsen bieten zwei Möglichkeiten der Personalsuche: Schalten von Onlinestellenanzeigen oder die Suche in der Kandidatendatenbank.

Bei den Onlinestellenanzeigen bieten die meisten Jobbörsen den Kandidaten die Möglichkeit, direkt und online eine Bewerbung abzuschicken und sich über neue Anzeigen per Mail benachrichtigen zu lassen. Onlineanzeigen sind in der Regel für mehrere Wochen geschaltet.

In der Kandidatendatenbank haben Bewerber die Möglichkeit, ihre Kontaktdaten, Lebenslaufdaten, Informationen zur gesuchten Stelle sowie weitere Informationen zu hinterlegen. In den hinterlegten Informationen können Unternehmen nach Suchkriterien oder Freitext nach Bewerbern suchen und diese dann direkt kontaktieren. Je nach Jobbörse kann das Unternehmen die Kandidaten direkt kontaktieren (offenes Profil) oder über eine börseninterne Mailfunktion anschreiben (anonymes Profil).

Internet-Netzwerkplattformen und Communities erfreuen sich einer rasant zunehmenden Beliebtheit – nicht nur bei den Jugendlichen und im privaten Umfeld (z. B. facebook und Stayfriends), sondern auch im professionellen Umfeld (z. B. XING, LinkedIn etc.). Auf diesen Netzwerkplattformen kann sich jeder registrieren und Daten und Informationen über sich in einem so genannten Profil für jeden Nutzer des Netzwerkes sichtbar hinterlegen. Zudem kann ein registrierter Nutzer angeben, wonach er gerade sucht, warum er auf dem Netzwerk ist, was er anderen Netzwerkteilnehmern bieten kann etc. Somit können auch Bewerber über diese Plattformen gefunden werden, wenn ein Profil zum Beispiel den Hinweis enthält, dass man gerade einen Job sucht, oder im Vertrieb neben viel Einsatz auch Erfahrung und Kontakte zu bieten hat.

Hochschulmarketing bietet die Möglichkeit, an Hochschulen und vermehrt auch an Schulen das eigene Unternehmen und mögliche Jobs zu präsentieren. Die Varianten sind vielfältig und gehen von speziellen Infotagen im Stil einer Messe über Anzeigen am schwarzen Brett oder der Studentenzeitung bis hin zum Durchführen von Workshops, Unternehmensplanspielen u. ä.

Auf **Jobmessen** können sich ebenfalls Unternehmen präsentieren, die offene Stellen zu besetzen haben. Interessierte Bewerber können sich auf dem Stand des Unternehmens direkt über Unternehmen und Jobmöglichkeiten informieren. Das Unternehmen kommt direkt mit dem Bewerber ins Gespräch. Jobmessen sind entweder als eigenständige Messe regional und branchenübergreifend aufgesetzt oder sind in einer Fachmesse eingegliedert und bieten damit die Möglichkeit, überregional und branchenspezifisch Unternehmen und Bewerber zusammen zu bringen.

Ausbildung und interne Rekrutierung bieten dem Unternehmen die Möglichkeit, die Mitarbeiter aus den eigenen Reihen zu rekrutieren.

Personalvermittler sind Dienstleister, an die man die Personalsuche und die Personalauswahl outsourcen kann. Es gibt unterschiedliche Formen dieser Dienstleistung: so genannte Headhunter oder Direct/Executive Search Unternehmen, die gezielt nach Personen suchen, die in der Regel bei Wettbe-werbsunternehmen ähnliche Funktionen und Tätigkeiten ausführen, und spezialisierte Vermittler oder Recruiter, die in einem bestimmten Markt oder in einer bestimmten Berufsgruppe eine Bewerberdatenbank aufbauen und unterhalten und die dort registrierten Bewerber an suchende Unternehmen vermitteln. Zu den Personalvermittlern zählt auch das Arbeitsamt, das sich auf die Vermittlung von Arbeitssuchenden und Arbeitslosen spezialisiert hat. Grundsätzlich wird die erfolgsabhängige Vermittlung von der Mandatsvermittlung unterschieden. Bei der erfolgsabhängigen Vermittlung wird nur dann ein Vermittlungshonorar fällig, wenn tatsächlich ein Bewerber vom Unternehmen eingestellt wird. Bei der Mandatsvermittlung erhält der Vermittler bereits für das Suchen ein festes Grundhonorar.

? Frage

Wovon hängt es ab, über welche Kanäle ich Vertriebsmitarbeiter suche?

Die Auswahl des für Sie und die jeweilige Situation richtigen Kanals hängt direkt von den Rahmenbedingungen des Rekrutierungsvorhabens ab. Im

Bereich der Rekrutierung von Vertriebsmitarbeitern sind folgende Rahmenbedingungen unbedingt zu beachten:

- verfügbare Zeit bis zur Einstellung
- verfügbares Kosten- und Zeitbudget
- Erklärungsbedürftigkeit der Position
- gewünschte Transparenz bei der Suche
- Wettbewerbsintensität des Marktes
- Verkaufsintensität der zu besetzenden Stelle
- Sicherheit und Erfahrung bei der Rekrutierung des entsprechenden
  Profils

 Übung

Vergleichen Sie die Liste mit Ihrer im oberen Teil des Kapitels erstellten Liste.
Gibt es Unterschiede? Kombinieren Sie beide Listen miteinander für Ihre
Rekrutierungsvorhaben in der Zukunft.

Zur Ermittlung der für Sie richtigen Rekrutierungskanäle müssen Sie für jede
der Rahmenbedingungen entscheiden, ob sie für Sie von Bedeutung ist. Was
ist das gewünschte Ergebnis im Hinblick auf den Rekrutierungsprozess?
Betrachten wir die Faktoren nun im Detail.

Notizen

Verfügbare Zeit bis zur Einstellung

Dem Einstellungstermin kommt bei der Rekrutierung von Vertriebsmitarbeitern eine besondere Bedeutung zu: den gewünschten Termin einzuhalten oder nicht hat direkte Auswirkungen auf die Ertragssituation des Unternehmens. Verzögert sich die Einstellung zum Beispiel nur um einen Monat, bedeutet das, dass mittelfristig ein Monatsumsatz eines Vertriebsmitarbeiters fehlen wird. Da der fehlende Umsatz das eingesparte Gehalt um ein Vielfaches übersteigt, fehlt dem Unternehmen nicht nur der Umsatz, sondern auch der Deckungsbeitrag eines Monats – das wiederum hat direkte Auswirkungen auf den Gewinn.

Der fehlende Umsatz hat bei Neukundenvertrieblern in der Regel eine größere Bedeutung, sodass der Faktor Zeit bei Neukundenvertrieblern sehr wichtig ist. Bedenken Sie bitte, dass Sie bei der Beurteilung der Zeit die erwarteten Kündigungsfristen berücksichtigen müssen.

Das gesuchte Profil wirkt sich zudem in einer zweiten Weise auf den Faktor Zeit des Rekrutierungskanals aus. Da die unterschiedlichen Typen von Vertriebsmitarbeitern unterschiedliche Erwartungen an die Dauer des Rekrutierungsprozesses haben, müssen die Unterschiede in den Vorlaufzeiten berücksichtigt werden. Der gewählte Rekrutierungskanal muss Ihnen also den Kontakt zu möglichen Kandidaten zu folgenden Terminen ermöglichen:

Neukundenprofil:	3 Wochen vor Termin*
Kundenentwicklungsprofil:	5 Wochen vor Termin*
Kundenbetreuer:	8 Wochen vor Termin*

(*) Als Termin gilt der notwendige Kündigungstermin von Kandidaten beim aktuellen Arbeitgeber, das heißt der gewünschte Starttermin abzüglich der erwarteten Kündigungsfrist.

Verfügbares Kosten- und Zeitbudget

Die finanziellen Mittel, die für die Rekrutierung bereitgestellt werden können, stellen in der Regel ein K. O.-Kriterium für den einen oder anderen Rekrutierungskanal dar.

Aber auch der personelle und zeitliche Aufwand, der mit der Rekrutierung verbunden ist, muss bei der Wahl des Rekrutierungskanals berücksichtigt werden.
Der größte Unterschied zwischen den einzelnen Kanälen liegt in der Anzahl
der eingehenden Bewerbungen und der damit verbundenen administrativen
Arbeit, bevor es zu ersten Vorstellungsgesprächen kommt. Für die durchschnittliche Bearbeitung einer Bewerbung vom Eingang bis zur Einladung zu
einem Vorstellungsgespräch oder zur Absage werden nach Unternehmens-
aussagen zwischen drei und zehn Minuten verwendet. Betrachtet man sich
die durchschnittlich eingehenden Bewerbungen nach den unterschiedlichen
Rekrutierungskanälen, wird schnell deutlich, welche Unterschiede in den
Aufwänden liegen können:

Beschaffungskanal	Anzahl Bewerbungen	Zeitaufwand zum Lesen der Bewerbungen
Zeitungsanzeige	10 – 60	30 – 600 Minuten
Onlineanzeige	200 – 600	600 – 6000 Minuten
Personalberater	3 – 10	9 – 100 Minuten

Ein zweiter Aspekt ist die Planbarkeit von Kosten und Zeitaufwand. Sind die
Mittel begrenzt oder sind Gesprächspartner für Vorstellungsgespräche nur
wenig verfügbar, muss der gewählte Rekrutierungskanal ein hohes Maß an
Planbarkeit ermöglichen. Umso mehr, wenn die Erwartungen an die Prozessdauer seitens der Kandidaten einen straffen Prozess erfordert.

Erklärungsbedürftigkeit der Position

Jedes Unternehmen hat im Vertrieb unterschiedliche Stellenbeschreibungen.
Eine relativ klar und einheitlich definierte Aufgabenbeschreibung, wie wir es

zum Beispiel von Bilanzbuchhaltern, Statikern oder PC-Technikern kennen, gibt es nicht. Durch die veränderten Marktbedingungen, den zunehmenden Verdrängungswettbewerb und die Entwicklung hin zu dienstleistungsorientierten Produkten entstehen in Unternehmen immer neue Vertriebspositionen mit unterschiedlichsten Aufgabengebieten. Das hat zwei Auswirkungen auf die Auswahl des Rekrutierungskanals:

Zum einen ist es teilweise für Bewerber schwierig zu beurteilen, ob eine Position für sie geeignet ist, weil sie nicht wissen, was die Stelle tatsächlich beinhaltet. In dieser Situation muss vermieden werden, dass mögliche Kandidaten, die eventuell geeignet wären, sich aus Unsicherheit oder Unwissenheit nicht bewerben. In solchen Situationen muss die Kontaktinitiative beim Unternehmen liegen können und nicht beim Bewerber.

Zum anderen können die Bewerber mit Stellenbeschreibungen oft nichts anfangen oder interpretieren diese falsch. Daher muss der Informationsbedarf der Kandidaten im Moment der Kontaktaufnahme in der Art befriedigt werden, dass der Kandidat ein Gefühl der Sicherheit bekommt, die Stelle richtig zu verstehen und einzuordnen. Der Informationsbedarf des Bewerbers wiederum entsteht aus dem Vertriebstyp der Person. Je höher der Kundenbetreuungsanteil in der Stellenbeschreibung ist, umso höher ist vermutlich auch der Informationsbedarf über die Position und das Unternehmen an sich. Der gewählte Rekrutierungskanal muss in dieser Situation die Möglichkeit bieten, dem Bewerber alle erwarteten Informationen schnell zu liefern, damit er eine Entscheidung über seine Bewerbung treffen kann.

Gewünschte Transparenz bei der Suche

Wenn Unternehmen Mitarbeiter im Vertrieb suchen, ist damit häufig eine Veränderung in der Marktpräsenz oder der Vertriebsstrategie verbunden, von der man sich Wettbewerbsvorteile erhofft. So kann die Einstellung von Kundenbetreuern zum Beispiel bedeuten, dass Sie die Serviceintensität erhöhen möchten, die Einstellung von Kundenentwicklern, dass Sie neue Produkte im Markt etablieren möchten, die Einstellung von Neukundenvertrieblern, dass Sie eine Wachstumsstrategie in neue Regionen oder Zielmärkte verfolgen. Diese Informationen so lange wie möglich vor Wettbewerbern zu verbergen, kann oft über den Erfolg oder Misserfolg einer Marktstrategie entscheiden.

Auf der anderen Seite kann durch die offene Darstellung, dass Sie im Vertrieb einstellen, ein positives Image für die Firma erzeugt werden, da sie wachsen möchte und erfolgreich ist. Das wiederum kann viele Bewerber ansprechen. Die Vorteile der offenen Mitarbeitersuche aus Imagesicht müssen mit den Nachteilen des Preisgebens von strategischen Informationen abgewogen werden und in die Auswahl der Rekrutierungskanäle einfließen.

! Praxistipp

Entscheiden Sie zuerst, ob Transparenz schadet. Wenn ja, verwenden Sie nur Kanäle, die Anonymität ermöglichen.

Wettbewerbsintensität des Marktes

In wettbewerbsintensiven Rekrutierungsmärkten ist der „Kampf" um die Mitarbeiter besonders hoch. Das bedeutet, dass Bewerber in der Regel zwischen unterschiedlichen Angeboten auswählen können. Gleichzeitig gleichen sich für die spezifischen Aufgabenbereiche die Angebote, die Stellenbeschreibungen usw. immer mehr an. Die Entscheidung für oder gegen eine Stelle und einen Arbeitgeber fällt somit immer mehr aus dem Bauch heraus – aus emotionalen Gründen. Der Aufbau einer persönlichen Beziehung zum Kandidaten vom ersten Moment an ist der sicherste Weg, die emotionale Entscheidungsebene positiv zu beeinflussen.

Daher ist, je wettbewerbsintensiver der Markt ist, der direkte und vom Unternehmen gesteuerte Zugang zu möglichen Kandidaten besonders wichtig.

Anzahl potenziell verfügbarer Kandidaten

Die Besetzungswahrscheinlichkeit bei Ausnutzung eines bestimmten Rekrutierungskanals stellt ein zentrales Entscheidungskriterium dar. Die Besetzungswahrscheinlich hängt ab von der Anzahl und Qualität der Kandidaten auf diesem Kanal und der Zugangssicherheit, bzw. wie schnell beurteilt werden kann, ob man über den Kanal Zugang zu den Kandidaten erhält. Statistiken sagen aus, dass Sie, um eine Stelle im Vertrieb besetzen zu können, mindestens 100 Personen erreichen müssen, die sich auch aktiv und bewusst mit der Stelle auseinandersetzen. Von diesen 100 Personen werden sich dann im Schnitt zehn tatsächlich auch bewerben. Um die Wahrscheinlichkeit einer erfolgreichen Besetzung realistisch beurteilen zu können, müssen Sie Feedback darüber erhalten, wie viele Kandidaten mit der Maßnahme erreicht wurden und wie viele sich bewusst und aktiv mit der Stellenausschreibung beschäftigt haben.

Verkaufsintensität des Produktes der zu besetzenden Stelle

Eine besondere Herausforderung in der Rekrutierung von Vertriebsmitarbeitern liegt darin, dass Sie es mit Bewerbern zu tun haben, die vor allem eins gut können: verkaufen – also auch sich selbst. Das erschwert die Beurteilung und Auswahl erheblich.

Je höher die Anforderungen der Stelle an die verkäuferische Kompetenz des Bewerbers sind, desto besser können sich die Kandidaten auch selbst verkaufen. Besonders hohe Anforderungen an die verkäuferische Kompetenz gibt es vor allem bei erklärungsbedürftigen Produkten und Dienstleistungen, in neuen Märkten und in Märkten mit hohem Wettbewerb und wenigen Alleinstellungsmerkmalen. Um in diesen Situationen ein realistisches Bild vom Bewerber und seiner Eignung für die Stelle zu erhalten, müssen Sie ihm die Möglichkeit nehmen, sich selbst zu verkaufen.

Die wichtigste Voraussetzung, um etwas verkaufen zu können, ist das Wissen über die Erwartungen des Käufers. Wenn ein Verkäufer nicht weiß, was der Kunde will, bleibt dem Verkäufer nichts anderes übrig, als das Produkt so darzustellen, wie es tatsächlich ist, und dem Kunden den tatsächlichen Nutzen zu beschreiben.

Auf die Rekrutierung von Bewerbern bezogen bedeutet das, dass gerade bei Positionen mit hoher verkäuferischer Kompetenz dem Bewerber so wenig wie möglich über Position, Anforderungen und Unternehmen mitgeteilt werden sollte. Wenn der Bewerber nicht weiß, wer von wem und für welche Position gesucht wird, kann er sich nur so darstellen, wie er tatsächlich ist – die beste Grundlage für eine erfolgreiche Personalauswahl.

Sicherheit und Erfahrung bei der Rekrutierung des entsprechenden Profils

In sich schnell wandelnden Zeiten und Märkten müssen Sie oft Positionen besetzen, die in dieser Form im Unternehmen noch nicht besetzt worden sind – Sie betreten Neuland. Damit steigt das Risiko, dass Sie die richtigen Profile nicht finden können oder bei der Auswahl Fehler machen. Eine nicht besetzte Vertriebsposition erhöht das Verlustrisiko eines Unternehmens ebenso wie eine falsch besetzte Vertriebsposition. Je geringer die Erfahrung in der Rekrutierung der Position ist, umso wichtiger ist, dass sich die Rekrutierungskanäle kombinieren lassen und Frühwarnsysteme auf Fehler hinweisen, damit noch Zeit zum Reagieren bleibt.

 **Übung**

Füllen Sie die nachfolgende Checkliste für eine zu besetzende Stelle aus. Definieren Sie nun mithilfe der Stärken-Schwächen-Profile (S. 65) der verbleibenden Kanäle ihre Beschaffungsstrategie wie folgt.

✓ **Checkliste**

Ermittlung der möglichen Rekrutierungskanäle

Schritt 1: Welche der Aussagen trifft mit hoher Bedeutung auf Ihr Rekrutierungsvorhaben zu? Wählen sie maximal zwei Aussagen aus.

	Trifft zu	Trifft nicht zu
Wir wollen am Markt nicht zeigen, dass und wie wir unseren Vertrieb ausbauen.		
Es bleibt wenig Zeit zum Rekrutieren, da die Stelle sicher und zeitnah besetzt werden muss.		
Es gibt im Markt wenige potenziell passende Bewerber.		
Die Stelle erfordert einen ausgesprochen ver-kaufs- und argumentationsstarken Vertriebler.		
Eine Vertriebsposition in dieser Ausprägung besetzen wir zum ersten Mal.		

Schritt 2: Filtern Sie die Rekrutierungskanäle aus, die in den oben ausgewählten Aussagen ein K.O.-Kriterium haben (vgl. S. 64).

Schritt 3: Schreiben Sie die noch verbliebenen Rekrutierungskanäle in die u. a. Liste. Bewerten Sie diese entsprechend den Stärken-Schwächen-Profilen nach drei übergeordneten Kriterien: Kosten, Zeit, Besetzungssicherheit.

	Kosten	Zeit	Sicherheit

Schritt 4: Definieren Sie nun Ihren Rekrutierungsmix, indem Sie zum Beispiel Durchschnittsnoten bilden, gewichtete Noten bilden oder das Bild aus dem Bauch heraus bewerten.

Anmerkung: Die gewählten Kriterien und Stärken-Schwächen-Profile sind eine Empfehlung, Sie sollten diese an Ihre ganz spezifischen Gegebenheiten anpassen.

! Praxistipp

Gerade unter Zeitdruck oder bei geringer Besetzungswahrscheinlichkeit ist es sinnvoll, unterschiedliche Kanäle zu kombinieren. So erhöhen Sie die Chance, den richtigen Mitarbeiter zur richtigen Zeit zu finden, erheblich. Achten Sie dabei aber darauf, dass sich die Kanäle nicht überschneiden, sondern ergänzen. Überschneidungen führen zu Mehraufwand in der Abwicklung durch Doppelbewerbungen und können bei Bewerbern auf Unverständnis treffen, wenn die gleiche Stelle über viele Kanäle zu finden ist, da so der Eindruck entsteht, die Stelle kann nicht besetzt werden. So können Sie die unterschiedlichen Kanäle geografisch abgrenzen, nach Zielbranchen abgrenzen oder anonyme und transparente Suche unterschiedlichen Kanälen zuordnen. Stimmen Sie auf jeden Fall die Suche auf den jeweiligen Kanal ab, um die Stärke des Kanals optimal nutzen zu können.

✓ Checkliste

K.O.-Kriterien für die Kanäle

Geeignete Kanäle durch Ausschlussverfahren

	Das Unternehmen möchte anonym bleiben.	Es ist wenig Zeit zum Rekrutieren.	Es gibt wenige Kandidaten.	Die Stelle erfordert einen ausgesprochen starken Verkäufer.	Die Stelle wird zum ersten Mal besetzt.
Zeitungsanzeigen	K.O.	K.O.		K.O.	K.O.
anonyme Anzeigen		K.O.			K.O.
Jobbörsen/Portale					
Netzwerkplattformen		K.O.		K.O.	K.O.
Hochschulmarketing	K.O.	K.O.		K.O.	K.O.
interne Rekrutierung			K.O.		K.O.
Personalvermittler					

✓ Checkliste

Bewertung der Beschaffungskanäle

Stärken der Kanäle / Ziele der Such- und Ansprachestrategie

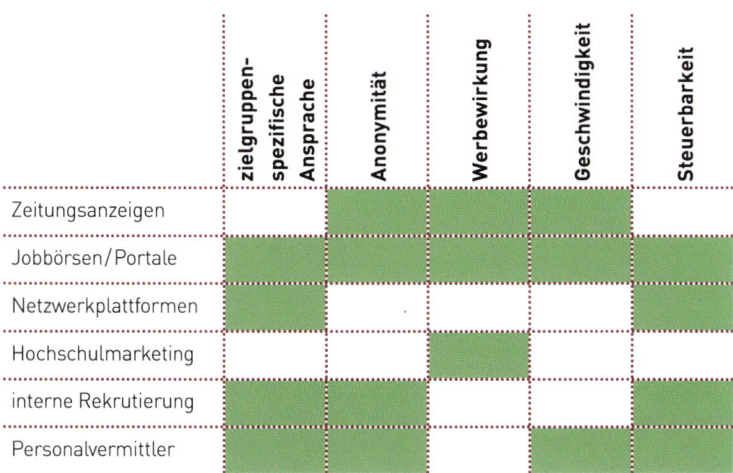

Schwächen der Kanäle

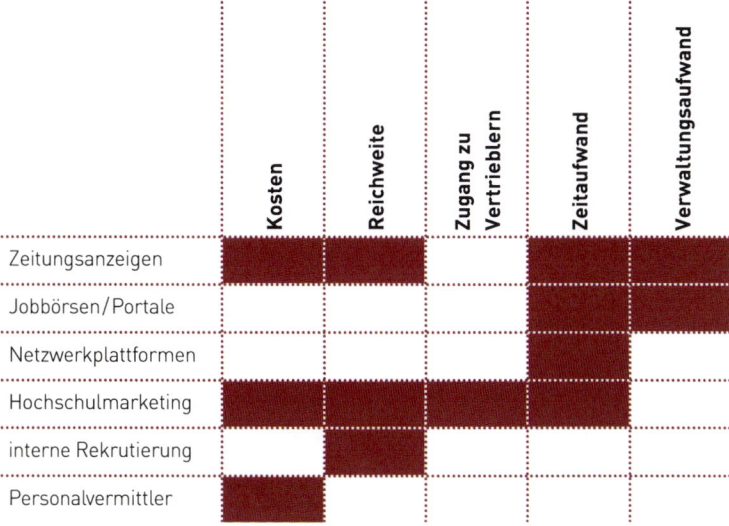

✏ Notizen

? Frage

Wie arbeite ich mit den unterschiedlichen Kanälen, um Kandidaten zu finden und anzusprechen?

Ansprache von Bewerbern über Zeitungsanzeigen

Die Stärken von Zeitungsanzeigen liegen in der regionalen Präzision, der Imagewirkung und der schnellen Reaktionszeit. In der Regel bewerben sich die Kandidaten innerhalb weniger Tage, sodass bereits wenige Tage nach dem Beginn der Suche erste Gespräche geführt werden können.

Um eine möglichst hohe Imagewirkung zu erzielen, sollten Stellenanzeigen in Printmedien immer von professionellen Grafikern gestaltet werden. Die Anzeige sollte folgende Bestandteile enthalten: Informationen zum Unternehmen, Informationen zur Position und zum Aufgabengebiet, Anforderungs- und Auswahlkriterien und Kontaktdaten.

Wenn Sie eine Rekrutierungsmaßnahme durchführen, bei der Sie anonym bleiben wollen, verlieren Sie zunächst den Nutzen der Imagewerbung für Ihr Unternehmen. Nutzen Sie in diesem Fall das positive Image anderer, um auf Ihre Position aufmerksam zu machen. So können Sie die Anzeige im Namen eines bekannten Personalberaters schalten lassen. Sie können auch die Reputation eines Marktes nutzen und den Wunsch wecken, in diesem Markt erfolgreich zu werden, oder Sie abstrahieren die Anzeige auf die Werte, die die gesuchten Mitarbeiterprofile vermutlich haben.

Reizworte sind Begriffe, die einem bestimmten Verhaltensprofil zugeordnet werden und dieses auch positiv motivieren. Die anderen Profile werden vom gleichen Begriff aber eher abgeschreckt. So wirkt die Eigenschaft „konkurrenzbetont" auf die „hohen Ds" zum Beispiel motivierend, auf alle anderen Profile eher abschreckend. Bei anonym geschalteten Anzeigen können Sie Reizworte verwenden. Insofern ist es bei anonymen Anzeigen zu empfehlen, über Reizworte gezielt die gewünschte Zielgruppe anzusprechen, indem die Reizworte grafisch herausgearbeitet werden.

Da Sie mit einer nicht anonymen Anzeige immer auch Imagewerbung betreiben, sollten Sie in diesem Fall Reizworte, die nur bestimmten Mitarbeiterprofilen zugeordnet sind, eher vermeiden. Die Anzeige sollte so gestaltet und getextet werden, dass Sie auf möglichst alle Profile einladend wirkt. Eine Liste mit Reizworten finden Sie im nächsten Kapitel.

Um möglichst viele Bewerber dazu zu bewegen, sich aktiv mit dem Stellenangebot zu beschäftigen, sollte die Anzeige nicht nur auf die Stelle, sondern auch auf die Beschreibung des Unternehmens, dessen Philosophie, Vision und übergeordnete Ziele ausgerichtet werden. Vor allem Bildmaterial und Überschriften müssen diese Themen aufgreifen. Die eigentliche Stelle tritt in den Hintergrund. Achten Sie aber darauf, dass Sie bei Anzeigen für Kundenbetreuungstätigkeiten ausreichend Informationen über die Stelle angeben oder eine Möglichkeit schaffen sich weiter zu informieren, zum Beispiel über eine Telefonnummer oder die Webseite.

In der Regel reagieren Bewerber innerhalb von zwei bis drei Tagen auf die Anzeige. Daher sollten Sie sich auf eine vergleichbare Reaktionszeit Ihrerseits einstellen, um den Kandidaten zeitnah Feedback zu geben. Unsere Umfrage hat ergeben, dass im Printmedienbereich Bewerber mit einer Eingangsbestätigung der Bewerbung innerhalb von drei Tagen rechnen und spätestens nach zwei Wochen ein Feedback erhalten wollen, wie es weitergeht. Dauert der Prozess länger, verliert der Kandidat das Interesse und er behält das Unternehmen zusätzlich in einem schlechten Licht in Erinnerung. Die Umfrage hat auch ergeben, dass die Bedeutung der Reaktionszeiten für Vertriebler im Neukundengeschäft und der Kundenentwicklung 20 % größere Relevanz hat als bei Kundenbetreuern oder allen anderen Profilen, die nicht dem Vertrieb zuzuordnen sind.

Je nach Stellenprofil können Sie einen schnellen Prozess initiieren, indem Sie auch bei Printanzeigen nur Onlinebewerbungen „zulassen" oder nur eine „Bewerbung@"-E-Mail-Adresse angeben. Für Positionen mit langsameren Entscheidungsprozessessen können Sie auch den Postweg für die Bewerbungen auswählen.

Da die Bewerbungszahlen auf Zeitungsanzeigen bedingt durch den Vormarsch der Online-Jobbörsen rückläufig sind (nur zehn Bewerbungen auf

Stellenanzeigen in regionalen Zeitungen sind nicht mehr außergewöhnlich!), müssen Sie darauf achten, mit dem Anzeigentext nicht zu viele Bewerber durch so genannte „Reizworte" zu verschrecken.

Ansprache von Bewerbern über Jobbörsen und Internetportale

Der große Vorteil der Internetportale liegt in der Geschwindigkeit, mit der Sie die Bewerber erreichen können und in der breiten Abdeckung einer Vielzahl von geografischen Gebieten und Zielgruppen. Dementsprechend hoch ist die Reichweite.

Ansprache von Kandidaten mit Onlineanzeigen

Wie auch bei den Printmedien müssen Sie unterscheiden, ob Sie die Anzeige anonym oder transparent schalten wollen. Aufgrund der hohen Reichweite und Transparenz des Internets kann es gefährlich sein, zu viele Informationen in Verbindung mit Ihrem Unternehmen preiszugeben. Daher empfiehlt sich aus dieser Sicht heraus die anonyme Anzeige. Im Bereich von Neukundenprofilen und Kundenentwicklern ist das auch nicht als problematisch anzusehen, da die Bewerber mit begrenzten Informationen auskommen. Bei Kundenbetreuern sollten Sie die Anzeige eher transparent schalten, da diese Zielgruppe einen hohen Informationsbedarf hat und sich über das Unternehmen zunächst informieren möchte, bevor eine Bewerbung versendet wird.

Auf Grund der hohen Reichweite der Internetplattformen wird man einen relativ hohen Rücklauf erhalten. 200–300 Bewerbungen in den ersten drei Tagen nach dem Schalten der Anfrage sind Umfragen zufolge nicht selten. Umfragen bei Unternehmen haben ergeben, dass von diesen Bewerbungen meist bis zu 95 % der eingehenden Bewerbungsunterlagen in keiner Weise relevant sind, wohl aber den Aufwand auslösen, Absageschreiben zu versenden. Woran liegt das? Viele Jobbörsen bieten die Möglichkeit der automatischen Benachrichtigung eines Bewerbers, wenn eine bestimmte Stellenanzeige geschaltet wird. Teilweise kann man als Bewerber seine Unterlagen automatisiert versenden lassen, wenn eine Stellenanzeige bestimmte Kriterien erfüllt. Zudem bedeutet die Bewerbung für den Bewerber keinen Aufwand – meist genügt ein Klick und die Bewerbung ist verschickt. Der Aufwand, eine Bewerbungsmappe zu drucken und zu erstellen, existiert nicht. Bewerber gehen daher im Onlinebereich eher inflationär mit ihren Unterlagen um. Aus diesem Grund ist es sinnvoll, die Anzeigen zum einen über Reizworte zielgruppengerecht zu formulieren und die Reizworte in den Vordergrund zu stellen. Auch sollte die Aufgabenbeschreibung sehr genau und die Beschreibung der Anforderungen eher restriktiv sein. Stellen Sie sicher, dass Sie die Anzeige nicht einfach in der Kategorie Vertrieb einstellen, sondern ein möglichst enges Kategorienfeld angeben: zum Beispiel Außendienst, Telekommunikation, Rhein-Main-Gebiet, Kundengewinnung.

Im Umfeld der Onlineanzeigen erwarten Kandidaten deutlich schnellere Reaktionszeiten. So sollte die Bestätigung des Bewerbungseingangs innerhalb von 24 Stunden erfolgen und das Feedback zur Bewerbung innerhalb einer Woche vorliegen.

Suchen von Bewerbern in Onlinedatenbanken auf den Jobportalen

Der Vorteil der Datenbanksuche liegt in der hohen Flexibilität und dem direkten Feedback, wie wahrscheinlich es ist, geeignete Kandidaten zu finden. Die gezielte Ansprache einzelner Bewerber erlaubt es zudem, eine profilgerechte Ansprache durchzuführen und über Reizworte Motivation und Filter zugleich auszuüben. Die Datenbanken bieten in der Regel zwei Arten von Suchen:

Mit der **Standardsuche** durchsuchen Sie die Datenbank nach gewissen Begriffen, die als Freitext oder hinterlegte Codes und Kriterien die Datenbank abfragen und Ihnen eine Ergebnisliste zurückgeben. Die Personen auf der Ergebnisliste können dann entweder direkt per Telefon oder über E-Mail kontaktiert werden.

Die **Suchassistenten** speichern auf der Plattform Ihre Suchbegriffe und senden Ihnen dann die Profile zu, die diesen Suchbegriffen entsprechen. Immer wenn sich ein Kandidat auf der Datenbank registriert, der Ihrer Suche entspricht, erhalten Sie eine Information mit seinen Kontaktdaten.

Im Bereich der Standardsuche sollten Sie mit eher weit gefassten bzw. übergeordneten Suchbegriffen arbeiten, um eine möglichst umfangreiche erste Liste zu erhalten, aus der Sie dann die Kandidaten filtern, die Sie tatsächlich kontaktieren wollen. Eine sinnvolle Größe für eine Ergebnisliste bei der Standardsuche sind ca. 150 Namen, von denen Sie etwa 1/3 anschreiben können.

Wenn Sie die Kandidaten direkt, also über Telefon, kontaktieren wollen, müssen Sie die Suchbegriffe enger fassen. Eine Ergebnisliste von 50 Namen, von denen Sie dann 5–10 tatsächlich anrufen, ist sinnvoll.

In den Onlinedatenbanken basiert die Suche auf den hinterlegten Profilen, die von den Kandidaten bewusst mehr oder weniger weit gefasst sind. Anders als bei Bewerbern, die sich auf Ihre Stellenanzeige melden, wissen Sie im Fall der Datenbanksuche nicht, ob überhaupt ein Grundinteresse seitens des Bewerbers besteht. Daher ist es jetzt zunächst wichtig zu filtern, welche Kandidaten nicht nur interessant, sondern vor allem interessiert sind.

Ansprache am Telefon

Wenn Sie Kandidaten der Datenbank direkt per Telefon kontaktieren wollen, filtern Sie die interessanten Kandidaten am Telefon am besten über so genannte K.O.-Kriterien heraus. Beschreiben Sie dem Kandidaten hierzu die drei wichtigsten Aufgaben der Position und stellen Sie die Aufgaben so dar, dass Profile, die nicht passen können, auch kein Interesse bekommen. So widersprüchlich es klingt, bei der Direktansprache von Kandidaten müssen Sie zunächst versuchen, den Kandidaten zu verlieren, um die zeitaufwendigen Erstgespräche nur mit wirklich interessanten und interessierten Kandidaten zu führen – dieses Vorgehen wird als „Sell-Out" bezeichnet.

Mit den Kandidaten, die trotz Sell-Out Interesse zeigen, führen Sie direkt ein erstes telefonisches Vorstellungsgespräch, indem Sie in drei Schritten vorgehen. Verstehen Sie zuerst, was der Kandidat sucht, beschreiben Sie dann die Position und klären, ob und warum der Kandidat passt, stellen Sie dann das Unternehmen vor und besprechen mit dem Kandidaten, ob eine Bewerbung bei Ihnen Sinn macht. Wenn ja, fordern Sie die Bewerbungsunterlagen an

(Auswahlstrategie) oder laden ihn direkt zum Vorstellungstermin ein (Entscheidungsstrategie).

Diese Reihenfolge der Gesprächsthemen ist gerade bei Vertriebmitarbeitern wichtig. Ein Vertriebler wird Ihnen immer „verkaufen" können, warum er auf die Stelle passt, sobald er die Stelle genau verstanden hat. Daher müssen Sie zuerst verstehen, was der Bewerber kann und will, bevor Sie ihm zu viele Details geben. So sind Sie in der Lage, selbst zu beurteilen, ob das, was Sie anbieten, zum Bewerber passt oder nicht. Bei Vertrieblern ist die emotionale Seite einer Anstellung entscheidend für den Erfolg. Zum einen beruhen 87 % der Kaufentscheidungen auf dem Wunsch kaufen zu wollen, sodass der Verkäufer gerade diesen Wunsch wecken muss. Daher ist es wichtig, sich im Job wohl zu fühlen. Das heißt, der Job muss WIRKLICH passen. Daher sollten Sie immer zuerst über das Aufgabengebiet und Produkt und erst danach über das Unternehmen sprechen.

Mehr Informationen zum Führen von Vorstellungsgesprächen am Telefon finden Sie im Kapitel „Führen von Vorstellungsgesprächen".

Ansprache per E-Mail

Wenn Sie den Kandidaten per E-Mail ansprechen, nutzen Sie das Anschreiben gleich als Filter, die interessierten Kandidaten zu erkennen. Ziel ist es, dass sich nur die Kandidaten bei Ihnen melden, die ein echtes Interesse haben und für die der Job interessant sein kann. Wie auch bei der telefonischen Kontaktaufnahme steht das Sell-Out im Mittelpunkt in dieser Phase. Nutzen Sie im Anschreiben Reizworte und stellen Sie die Aufgabe aus Sicht von drei K.O.-Kriterien dar.

! Praxistipp

Um das Sell-Out „verträglicher" zu machen, packen Sie es wie in einem Sandwich in zwei Sell-In-Aussagen ein. Stellen Sie hierfür vor die K.O.-Kriterien wertschätzende Aussagen zum Kandidaten, um ihm einen Wohlfühlfaktor zu geben:

Wertschätzende Aussage für Neukundenprofile: Ich habe Ihr Profil in der XXX-Datenbank gesehen, es erscheint mir sehr passend für eine Position, die ich gerade besetze. Sollen wir uns einmal über die Position unterhalten?

Wertschätzende Aussage für Kundenentwickler: Sie haben ein sehr interessantes Profil, ich würde mich gerne mit Ihnen über Möglichkeiten in unserem Unternehmen unterhalten. Haben Sie einen Moment Zeit?

Wertschätzende Aussage für Kundenbetreuer: Aufgrund der Informationen, die ich in Ihrem Profil auf der XXX-Datenbank gesehen habe, denke ich, dass Sie der richtige Kandidat für eine Position in unserem Unternehmen sein können. Ich würde Ihnen die Position gerne näher vorstellen.

Ist den Kandidaten nach den drei K.O.-Kriterien nicht abgeneigt, bedeutet das, dass er mit hoher Wahrscheinlichkeit im Ziel-Verhaltens-Profil liegt. Versuchen Sie jetzt, den Kandidaten für die Aufgabe zu gewinnen, indem Sie vor dem eigentlichen telefonischen Vorstellungsgespräch noch eine Information zur Stelle oder zum Unternehmen anbieten, die direkt die Motivation des Bewerbers anspricht – bringen Sie ein Sell-In-Argument.

Motivierende Kriterien für einen Neukundenvertriebler: Ziel der Position ist es, den Umatz im nächsten Jahr zu verdoppeln … oder … Ziel der Position ist es, im Markt XXX den Marktanteil zu verdoppeln … oder … Ziel der Position ist es, eigenverantwortlich die Kundenbasis zu verdoppeln …

Motivierende Kriterien für einen Kundenentwickler: Im Mittelpunkt der Anforderungen steht die Kompetenz, Beziehungen auf- und auszubauen … oder … die Kompetenz Beziehungen zu pflegen, ist der wichtigste Baustein unserer Kundenentwicklungsstrategie … oder … die Position berichtet direkt an die Geschäftsführung.

Motivierende Kriterien für einen Kundenbetreuer: Wichtig ist, dass Sie für den reibungslosen Ablauf der Lieferprozesse für unseren Kunden sorgen … oder … in der Position werden Sie permanent an der Verbesserung der Zusammenarbeit mit dem Kunden arbeiten.

📄 Übung

Überlegen Sie, warum die o. a. Äußerungen für die jeweiligen Grundprofile motivierend sind. Erstellen Sie eine Liste mit K.O.-Kriterien, über die Sie Neukundenvertriebler, Kundenentwickler und Kundenbetreuer filtern können.

Ansprache von Bewerbern auf Netzwerkplattformen und Communities

Der Vorteil der Netzwerkplattformen ist, ähnlich wie bei den Internet-Jobbörsen, die hohe Reichweite. Zusätzlich sind die Netzwerkplattformen sehr kostengünstig.

Da auf den Plattformen nicht nur Arbeitssuchende vertreten sind, sondern grundsätzlich jeder, der an Networking interessiert ist, besteht die erste Aufgabe darin, Jobsuchende oder wechselwillige Vertriebsmitarbeiter unter

allen registrierten Teilnehmern der Plattform (Mitglieder genannt) zu identifizieren.

Die meisten Netzwerkplattformen bieten die Möglichkeit, Mitglieder über
einschränkende Kriterien zu suchen. So können Sie über die Suchkriterien
Standort des Mitglieds, Branche und Tätigkeit schnell interessante Vertriebsmitarbeiter identifizieren. Wie aus diesen Jobsuchende gefiltert werden können, hängt sehr von der Plattform ab.

Teilweise können Sie über direkte Hinweise wie „ich suche einen neuen Job"
oder dem Eintrag „n. n." beim Unternehmensnamen mögliche Kandidaten
erkennen. Aber auch versteckte Hinweise wie „ich biete Vertriebserfahrung"
oder „über mich: hohe Einsatzbereitschaft, Zielorientierung" können darauf
hinweisen, dass ein Mitglied auf Jobsuche ist.

Die Kontaktaufnahme auf Netzwerkplattformen erfolgt meist über ein platt-
forminternes Mailsystem. Beachten Sie beim Verfassen der Mail, dass Netzwerkplattformen eine behutsame Kontaktaufnahme erfordern. Personalisie-
ren Sie die Nachricht, damit Ihre Kontaktaufnahme nicht als Spam angese-
hen wird. Fragen Sie zunächst beim anderen Mitglied an, ob er mit Ihnen in
Kontakt treten möchte und ob das Thema der Jobsuche grundsätzlich interessant ist. Wenn der andere interessiert ist, sollten Sie ihn dann mit
Informationen über Job und Firma versorgen, damit er sich ein Bild machen
kann. Erst dann geben viele Mitglieder ihre Kontaktdaten frei und Sie können in direkten Kontakt treten. Bei der Bitte um Kontaktaufnahme sollten
Sie dem anderen die Möglichkeit geben, selbst zu entscheiden, ob er sich bei
Ihnen meldet oder ob Sie ihn anrufen. Generell gilt bei der Kontaktaufnahme über Internetplattformen, dass Sie bis zum direkten Kontakt
immer in Vorleistung gehen müssen, was die Versorgung mit Informationen
betrifft.

Teilweise bieten die Internet-Netzwerkplattformen auch schon die Möglichkeit, Stellenanzeigen zu schalten. Hier gelten die gleichen Prinzipien wie
bei den Online-Jobbörsen.

Ansprache von Bewerbern mittels Hochschulmarketing

Der Vorteil des Hochschulmarketings liegt im einfachen Zugang zu den Absolventen der Hochschulen.

Da sich an den Hochschulen in Deutschland relativ wenige Vorlesungen tatsächlich mit Vertrieb und Verkaufen beschäftigen, haben Absolventen oft ein falsches oder unvollständiges Bild von Vertriebsjobs. Zudem sind Ferienjobs oder Praktika im Vertrieb eher selten, sodass es kaum Absolventen mit echter Vertriebserfahrung gibt, die eine Auswahl der richtigen Kandidaten aus Erfahrungswerten erlaubt. Insofern muss die Rekrutierung von Vertriebsmitarbeitern aus den Reihen der Absolventen zwei wichtige Aufgaben gleichzeitig erfüllen:

- Vermittlung eines klaren Bilds, was Vertriebsaufgaben im Allgemeinen darstellen und erfordern. Daher sollten im Rahmen von Hochschulmarketing immer erfahrende Vertriebsmitarbeiter für Informationen bereit stehen, die den Absolventen ein klares und ehrliches Bild dessen vermitteln können, was der Job beinhalten würde. Die Erfahrung zeigt, dass es häufig eine Vermischung in der Wahrnehmung von Jobs im Marketing, im Service oder im Vertrieb gibt. Daher empfiehlt es sich gerade die Abgrenzung und die Unterschiede zwischen diesen drei Jobkategorien zu definieren und zu erklären.
- Beurteilung des verkäuferischen Potenzials anhand von „Indizien". Da dieses Thema generell ein sehr schwieriges ist, wird im Kapitel „Auswahl von Berufseinsteigern im Vertrieb" gesondert darauf eingegangen.

Ansprache von Bewerbern auf Jobmessen

Der Vorteil von Jobmessen liegt zum einen in der zielgruppenspezifischen Ausrichtung und der fokussierten Ansprachemöglichkeit. Zum anderen bieten sie eine unverbindliche Möglichkeit für Kandidaten, sich über Unternehmen und Jobmöglichkeiten zu informieren.

Laut einer Studie haben Kandidaten, die sich auf Ihrem Messestand informieren wollen, in erster Linie ein Interesse an der Branche oder dem jeweiligen Unternehmen, weniger an konkreten Jobangeboten – auch wenn sie sich natürlich nach Jobmöglichkeiten erkundigen.

Achten Sie daher bei der Gesprächsführung darauf, zunächst den Bewerber in den Mittelpunkt zu stellen und zu verstehen, welcher Job losgelöst von Branche und Unternehmen für ihn interessant sein kann. Stellen Sie ihm ALLE Berufsbilder des Vertriebs in Ihrem Unternehmen vor und ermitteln Sie mit ihm, in welche Richtung seine Präferenz geht. So können sie sicherstellen, dass Sie verstehen können, welche Art der Aufgabe für den Kandidaten das optimale Umfeld darstellen würde. Bei gegenseitigem Interesse führen Sie ein vertiefendes Gespräch oder laden den Kandidaten zu einem ausführlichen Gespräch ins Unternehmen ein.

Die Jobmesse bietet Ihnen gerade im Vertrieb ein ideales Umfeld, eine Kernkompetenz im Vertrieb „live" zu überprüfen – der erste Eindruck. Später beim Kunden wird für Ihren zukünftigen Mitarbeiter auch der erste Eindruck mit kaufentscheidend sein. Zumindest wird der erste Eindruck darüber entscheiden, ob der Kunde den Wunsch bekommt, mit Ihrem Mitarbeiter überhaupt ins Gespräch zu kommen. Denn – für den ersten Eindruck gibt es keine zweite Chance!

Wie Sie den ersten Eindruck bewerten können, ist im Kapitel „Arbeiten mit Auswahlkriterien" auf Seite 104 genauer beschrieben.

Rekrutierung über interne Ausbildung und interne Rekrutierung

Die interne Ausbildung ist ein wichtiger Bestandteil der Personalbeschaffung. Da sie aber in den Bereich der Personalentwicklung fällt, sei hier nicht näher darauf eingegangen.

Für die interne Rekrutierung bzw. interne Stellenausschreibungen sind die gleichen Vorgehensweisen wie bei Internetplattformen, Jobbörsen oder Printanzeigen anzuwenden, je nachdem auf welchem Weg die interne Stellenausschreibung erfolgt.

Bei der internen Stellenausschreibung ist zu beachten, dass offene Positionen in bestimmten Situationen aus juristischen Gründen intern ausgeschrieben werden müssen. Die Wahl dieses Rekrutierungskanals wird also nur teilweise von der Strategie bestimmt.

? Frage

Wann müssen interne Stellen ausgeschrieben werden?

Die Einstellung von Arbeitnehmern vollzieht sich in mehreren Schritten von der Stellenausschreibung, der Anbahnung des Arbeitsverhältnisses bis zum endgültigen Vertragsschluss. Bis dahin sind umfangreiche Regelungen und Grundsätze zu beachten, auch im Hinblick auf den Schutz des Bewerbers vor Diskriminierungen nach dem **Allgemeinen Gleichbehandlungsgesetz (AGG)**.

Der Betriebsrat kann verlangen, dass Arbeitsplätze, die besetzt werden sollen, allgemein oder für bestimmte Arten von Tätigkeiten vor ihrer Besetzung innerhalb des Betriebs ausgeschrieben werden (**§ 93 BetrVG**).

Einem solchen Verlangen müssen Sie nachkommen, wobei es allerdings Ihre Sache ist, wie Sie die Ausschreibung vornehmen (am schwarzen Brett, in der Werkszeitung, Newsletter o. Ä.). Sollte eine Betriebsvereinbarung über eine andere Form der Bekanntmachung abgeschlossen sein, so gilt diese (siehe BAG-Beschluss vom 17.06.2008 – 1 ABR 20/07).

Das Verlangen einer innerbetrieblichen Ausschreibung durch den Betriebsrat bedeutet noch nicht, dass Sie den Bewerber aus dem Betrieb auch tatsächlich für diese Stelle **einstellen müssen**. Sie können vielmehr unter den Bewerbern frei wählen. Der Betriebsrat kann aber der Einstellung eines von außen kommenden Bewerbers widersprechen, wenn die verlangte Ausschreibung im Betrieb unterblieben ist (Mitbestimmung).

Der Arbeitgeber hat einen Arbeitsplatz, den er öffentlich oder innerhalb des Betriebs ausschreibt, auch als Teilzeitarbeitsplatz auszuschreiben, wenn sich der Arbeitsplatz hierfür eignet (**§ 7 Abs. 1 TzBfG**).

Anmerkung (BAG-Beschluss vom 17.06.2008 – 1 ABR 20/07):

„[...] Die Arbeitgeberin war entgegen der Auffassung des Betriebsrats nicht verpflichtet, an die freigestellten Mitarbeiter gesonderte Mitteilungen über die ausgeschriebenen Stellen zu versenden. Es war vielmehr deren Sache, sich persönlich oder durch Kollegen über die durch Aushang an üblicher Stelle bekannt gemachten Ausschreibungen zu informieren. Ein Zeitraum von **zwei Wochen** erscheint hierfür als ausreichend."

Rekrutierung über Personalvermittler und Personalberater

Der Vorteil der Personalberater liegt im spezifischen Know-how über die Rekrutierung von bestimmten Vertriebsprofilen, sowohl, was den Zugang zu Kandidaten betrifft, als auch, was die Auswahlkompetenz betrifft. Zudem hat der Personalvermittler die Möglichkeit zur neutralen Qualifizierung des Bewerbers und kann so die Wunschposition und die Kompetenz der Bewerber objektiv und sicher beurteilen, sofern er dem Bewerber zunächst nicht mitteilt, für welches Unternehmen bzw. welche Position er rekrutiert.

Bei der Zusammenarbeit sollten Sie vor allem darauf achten, dass dieser Vorteil zur neutralen Qualifikation ausgenutzt wird. Insbesondere bei Positionen mit hoher verkäuferischen Intensität (Neukunden und teilweise Kundenentwicklung) sollten Sie mit dem Personalberater eine neutrale Qualifikation im ersten Schritt vereinbaren. Erst wenn er sich ein objektives Bild vom Bewerber gemacht hat und zur Entscheidung kommt, dass ein Bewerber interessant ist, werden Job und Unternehmen vorgestellt.

Sofern Sie mit einem Personalberater zusammenarbeiten, müssen Sie darauf achten, dass die Prozesse aufeinander abgestimmt sind und sich ergänzen und nicht überlagern – dies gilt vor allem bei Positionen mit hohem Kundengewinnungsanteil. Kandidaten haben wenig Verständnis dafür, dem Personalberater die gleichen Dinge zu erzählen wie später dem eigentlichen Unternehmen, und vom Unternehmen nur Input zu erhalten, den er vom Personalberater bereits erhalten hat.

Eine Studie hat gezeigt, dass Vertriebsmitarbeiter vor allem aus zwei Gründen versuchen über Personalberater neue Jobs zu finden:

1. die Vermutung, dass wirklich wichtige Jobs vor allem über Personalberater besetzt werden
2. die Erwartung, dass sie vom Personalberater eine Art „Beratung" erhalten können, in welchem Job und bei welchem Unternehmen sie am besten aufgehoben sind.

Insofern bietet es sich an, den Personalberater eine Vorauswahl treffen zu lassen, die sich an den „harten" Kriterien der Position orientiert. Der Personalberater sollte dem Bewerber alle Informationen zur Tätigkeit und dem Aufgabenbereich der Position sowie zur Firmenstruktur geben. Die Rolle des Unternehmens in der Zusammenarbeit ist es, aus den vorausgewählten Kandidaten sich für denjenigen zu entscheiden, der am besten zum Team, zu den Kunden und der Führungskultur passt. Während der Personalberater sich also auf harte Fakten und Struktur des Unternehmens konzentriert, geht es zwischen Unternehmen und Bewerber eher um die weichen Faktoren und die Unternehmens- und Führungskultur.

Die Faustregel in der Zusammenarbeit mit Personalberatern lautet: der Berater sucht und wählt aus, das Unternehmen entscheidet.

Damit diese Aufgabenteilung funktionieren kann, muss die Stellenbeschreibung transparent zwischen Berater und Unternehmen sein. Insbesondere die Entscheidungskriterien zur Auswahl für weiterführende Gespräche müssen dem Berater bekannt sein. Um eine einheitliche Sprache zu finden, ist es empfehlenswert, zu Beginn einer Zusammenarbeit die ersten Lebensläufe gemeinsam zu sichten und so eine gemeinsame und einheitliche Sicht auf Lebensläufe zu erhalten. Auch ist es sinnvoll, die ersten Vorstellungstermine mit dem gleichen Ziel gemeinsam durchzuführen.

Liegt die Ursache zur Beauftragung „lediglich" im fehlenden Zugang zu den Kandidaten, kann auf eine Rollenaufteilung verzichtet werden und der Personalberater stellt dem Unternehmen Kandidaten zur Verfügung, die anhand von einigen wenigen K.O.-Kriterien für ein erstes Vorstellungsgespräch sinnvoll erscheinen.

! Praxistipp

Wenn Sie bei der Suche nicht genügend Profile zur Verfügung haben, fangen Sie nicht direkt mit den Vorstellungsgesprächen an. Irgendetwas stimmt dann an der Such- und Ansprachestrategie nicht, was nicht nur die Menge, sondern auch die Qualität der erhaltenen Profile betreffen kann. Oft ist es besser die Suchstrategie zu verändern und einen anderen Kanal zu versuchen, bevor man sich auf zu wenige Profile konzentriert und sich die Welt „schön denkt". Als Richtwert sollten Sie für jede zu besetzende Position mindestens fünf Profile verfügbar haben, die in die richtige Richtung gehen. (Anmerkung: Bei der Arbeit mit Personalberatern muss dieser über die entsprechende Anzahl verfügen). Ob Sie von den fünf Profilen dann einen, zwei oder mehr Kandidaten einladen, hängt von Ihrer Grundstrategie ab.

Notizen

 **Checkliste**

Leitfaden für telefonische Ansprache von Bewerbern

Gesprächsphase	Beispiel	zu beachten
Begrüßung	Guten Tag, ich möchte mich Ihnen kurz vorstellen. Mein Name ist XYZ, ich rufe an von der Firma XYZ. Ich habe Ihren Lebenslauf auf der Jobplattform XYZ gesehen und würde mich gerne mit Ihnen über eine Jobmöglichkeit unterhalten. Können Sie gerade frei sprechen?	Stellen Sie sich und Ihren Unternehmensnamen vor. Sagen Sie, warum Sie anrufen und wie Sie auf den Bewerber gekommen sind. Fragen Sie ihn dann, ob er gerade frei sprechen kann, vereinbaren Sie ggfs. einen Termin.
Sell-In	Bevor ich Ihnen detaillierte Informationen zu der Position gebe, würde mich vor allem interessieren, was Sie suchen. Können Sie mir in drei knappen Sätzen beschreiben, was Ihnen am nächsten Job wichtig ist?	Dadurch, dass Sie zunächst den Bewerber nach seinen Vorstellungen fragen, erhöhen Sie das Sicherheitsempfinden des Bewerbers. Achten Sie gerade jetzt auf die Antwort. Sie gibt entscheidende Hinweise darauf, was der Bewerber wirklich sucht und kann.
Sell-Out	Ich suche für uns einen erfahrenen Vertriebsmitarbeiter für den Neukundenvertrieb. Der Markt ist sehr wettbewerbsintensiv und Sie müssten sich gegen etablierte Wettbewerber durchsetzen. Ihre Zielkunden sind ausschließlich Neukunden. Würde Sie das interessieren?	Formulieren Sie die drei wichtigsten Eckpunkte des Jobs über positive Reizworte, die eindeutig einem Vertriebsprofil zuzuordnen sind. Sofern der Bewerber einem anderen Vertriebsprofil entspricht, wird er eher abgeschreckt und Sie werden es merken.
Sell-In	... Prima, das freut mich. Ich würde gerne ein weiterführendes Telefonat mit Ihnen führen. Können Sie mir zur Vorbereitung Ihre Unterlagen zumailen? Ich rufe Sie dann, sobald ich die Unterlagen habe, wieder an.	Sofern der Bewerber über die Reizworte nicht abgeschreckt ist, richten Sie den Ausblick positiv nach vorne und besprechen das weitere Vorgehen.
Verabschiedung	Herzlichen Dank und bis morgen!	

✓ Checkliste

Richtiges Arbeiten mit den Beschaffungskanälen

Sie werden nicht immer alle der empfohlenen Punkte realisieren können. Versuchen Sie jedoch möglichst viele der Punkte umzusetzen.

Richtiges Arbeiten mit Zeitungsanzeigen

- ☐ Wurde ein professioneller Grafiker mit der Gestaltung beauftragt?
- ☐ Wurde ein professioneller Texter mit der Anzeige beauftragt?
- ☐ Sind die Richtlinien der CI beachtet?
- ☐ Wurde bewusst entschieden, ob anonym oder offen geschaltet wird?
- ☐ Wurde eine bewusste Entscheidung für oder gegen Reizworte getroffen?
- ☐ Wenn mit Reizworten gearbeitet wird: Sind es ausschließlich motivierende Reizworte?
- ☐ Ist ein Abwicklungsprozess aufgesetzt, der auf das Vertriebsprofil angepasste Antwortzeiten ermöglicht?
- ☐ Soll der Prozess durch Onlineantwort beschleunigt werden?

Richtiges Arbeiten mit Onlinestellenanzeigen

- ☐ Wurde ein professioneller Grafiker mit der Gestaltung beauftragt?
- ☐ Wurde ein professioneller Texter mit der Anzeige beauftragt?
- ☐ Sind die Richtlinien der CI beachtet?
- ☐ Wurde bewusst entschieden, ob anonym oder offen geschaltet wird?
- ☐ Sind ausreichend Reizworte zum Filtern eingebaut?
- ☐ Ist ein Abwicklungsprozess aufgesetzt, der auf das Vertriebsprofil angepasste Antwortzeiten ermöglicht?

Richtiges Arbeiten beim Suchen auf Onlinedatenbanken

- ☐ Wenn an die Ergebnisliste ein Mailing verschickt wird, sollte die Suche eher weit gefasst (Region, „Vertrieb" und Branche) sein und über Reizworte in den Anschreiben gefiltert werden.
- ☐ Wenn die Bewerber der Ergebnisliste direkt angerufen werden, sollte die Suche enger gefasst werden (Region, Job / Skill-Matrix und ggfs. Branche).
- ☐ Wenn mit Suchassistenten gearbeitet wird, sollte die Suche sehr eng gefasst sein (Region, Job / Skill-Matrix, Branche, sonstige Skills wie Sprache etc.).

Richtige Ansprache am Telefon

- ☐ Wird vermieden, dass dem Bewerber zu viel Hintergrund über die Position gegeben wird, bevor man selbst versteht, was der Kandidat kann und sucht?
- ☐ Wird zum Gesprächseinstieg geklärt, ob der Bewerber gerade frei sprechen kann?
- ☐ Sind die Kriterien für den Sell-In definiert?
- ☐ Sind die Punkte für den Sell-Out definiert?
- ☐ Sind Auswahlkriterien für das Gespräch mit Erwartungshaltungen (Entscheidungskriterien) definiert?

Richtige Ansprache per Mail

- ☐ Sind in der Mail ausreichend Reizworte als Filter eingebaut?

Richtiges Arbeiten mit Netzwerkplattformen

- ☐ Ist genügend Zeit vorhanden, einen langsamen Beziehungsaufbau zu betreiben?
- ☐ Beschränkt sich das erste Anschreiben auf das Abklären des grundlegenden Interesses?
- ☐ Werden dem potenziellen Bewerber ausreichend Hintergrundinformationen gegeben?
- ☐ Gibt es einen Bezug zum potenziellen Bewerber, auf den man den Kontakt aufbauen kann?

Richtiges Arbeiten mit Personalberatern

- ☐ Sind klare Erwartungshaltungen an das Ergebnis der Arbeit der Personalberater definiert?
- ☐ Ist die Rolle des Beraters geklärt (Lebenslauflieferant vs. Rekrutierungspartner)?
- ☐ Ist geklärt, welche Informationen der Berater kommunizieren darf bzw. soll?
- ☐ Sind die Entscheidungskriterien definiert und vereinbart?
- ☐ Sind die Prozesse vereinbart und aufeinander abgestimmt?

✓ Checkliste: Reizwörter

Neukundenvertriebler

Positive Wirkung:

selbstständig, wettbewerbsorientiert, zielstrebig, engagiert, Herausforderung, Challenge, abwechslungsreich, schwierig, neu, innovativ, schnell, flexibel, autark, verantwortungsvoll, spannend, Risiko, Tempo, gewinnen, dynamisch, Profit, direkt, Entscheidung, Freiheit, Macht, Aufstiegsmöglichkeiten

Keine oder negative Wirkung:

teamfähig, bewährt, routiniert, Checkliste, Standard, Bestand, Konstanz, traditionsreich, konservativ, strukturiert, systematisch, verzahnt, verständnisvoll, langfristig, Detail, abwickeln, ruhig, Bearbeitung, Mitarbeit, Prozessoptimierung, Status Quo, eingespieltes Team, klassisch

Kundenentwickler

Positive Wirkung:

Interesse, enthusiastisch, freundlich, Auszeichnung, Motivation, Begeisterung, Optimismus, ideenreich, Anerkennung, Popularität, Prestige, Team, gewinnen, abwechslungsreich, flexibel, dynamisch, engagiert, Referenzen, sichere Kenntnisse, ambitioniert, Kommunikationsstärke, Karriere

Keine oder negative Wirkung:

Beständigkeit, Konflikt, Druck, Stabilität, langfristig, gleichbleibend, isoliert, Einzelkämpfer, ungeregelt, oberflächlich, klassisch

Kundenbetreuer

Positive Wirkung

sorgfältig, partnerschaftlich, verstehen, Spezialist, vertiefen, Teamarbeit, strukturiert, Beziehungspflege, gründlich, offen, systematisch, etabliert, langfristig, renommiert, Vertrauen, gemeinsam, Routine, hartnäckig, genau, geregelt, Stammkunden, Organisationstalent

Keine oder negative Wirkung:

wettbewerbsintensiv, hart umkämpft, Durchsetzungsvermögen, Ehrgeiz, neu, rasche Veränderungen, ständiger Wechsel, anonym, rasant, Risiko, Kreativität, losgelöst, flexibel, improvisieren, distanziert, Widerstände, provisorisch, Übergangslösung, Druck aufbauen, antreibend, kompromisslos, ungeregelt

 **Checkliste**

Beispiel für den Text einer Stellenanzeige Neukundenvertrieb mit Verwendung von Reizworten

Firmenname XYZ

Akquisitionsstarke(n) Vertriebsmitarbeiter(in)

Als wachstumsorientiertes Unternehmen in einem expandierenden Markt suchen wir zum nächstmöglichen Zeitpunkt für unsere Vertriebsregion XY eine(n) engagierte(n) Vertriebsmitarbeiter(in) mit Schwerpunkt Neukundenakquisition.

Ihre Herausforderung:
- aktive telefonische und persönliche Akquise von Neukunden
- Umsatzsteigerung und Gewinnung von Marktanteilen
- permanente Kontaktpflege und Ausbau der Kontakte
- Marktbeobachtung als Grundlage Ihrer Akquiseausrichtung

Ihr Profil:
- abgeschlossene kaufmännische Ausbildung oder Studium
- absolut kontaktfreudig und kommunikationsstark
- abschlussstark im Vertrieb
- selbstständiges und zielstrebiges Arbeiten
- Erfahrung im Vertrieb und der Branche
- Sprachkenntnisse in Englisch und Französisch
- überdurchschnittliches Engagement und Reisebereitschaft

Unser Angebot:
- positives Arbeitsumfeld in einem dynamischen, wachstumsorientierten und leistungsstarken Unternehmen
- innovative, erstklassige Produkte

- überdurchschnittliche Verdienstmöglichkeiten durch leistungsorientierte Bezahlung

Selbstständiges vertriebsorientiertes Denken sowie Freude am aktiven Verkauf werden ebenso erwartet wie hohe Einsatzbereitschaft, Belastbarkeit und Teamfähigkeit.

Ihre aussagekräftigen Bewerbungsunterlagen richten Sie bitte an:
Firma, Ansprechpartner

Beispiel für den Text einer Stellenanzeige Neukundenvertrieb ohne Verwendung von Reizworten

Firmenname XYZ

Vertriebsmitarbeiter(in)

Wir suchen für unsere Vertriebsregion XY in Deutschland eine(n) Vertriebsmitarbeiter(in) mit Schwerpunkt Neukundenakquisition.

Ihre Aufgaben umfassen:
- telefonische und persönliche Akquise von Neukunden
- permanente Kontaktpflege und Ausbau der Kontakte
- strategische Betreuung von Projekten
- Marktbeobachtung
- Verkaufsveranstaltungen und Schulungen

Ihr Profil:
- kaufmännische Ausbildung
- kontaktfreudig und kommunikationsstark
- selbstständig und zielstrebig
- Erfahrung im Vertrieb und der Branche
- Sprachkenntnisse in Englisch und Französisch

- Engagement und Reisebereitschaft
- professioneller Umgang mit flexiblen Arbeitszeiten

Selbstständiges vertriebsorientiertes Denken sowie Freude am aktiven Verkauf werden ebenso erwartet wie Teamfähigkeit, Einsatzbereitschaft und Belastbarkeit.

Ihre Bewerbungsunterlagen richten Sie bitte an:
Firma, Ansprechpartner

Beispiel für den Text einer Stellenanzeige Kundenentwicklung mit Verwendung von Reizworten

Firmenname XYZ

Manager Business Development (m/w)

Als Marktführer in einem expandierenden Markt suchen wir zum nächstmöglichen Zeitpunkt eine(n) engagierte(n) Manager Business Development (m/w) zur Weiterentwicklung unserer internationalen Geschäftsfelder.

Ihre Position:
- Verantwortung für den gezielten, sukzessiven Aufbau „Ihrer" neuen Geschäftsfelder
- Entwicklung langfristiger und vertrauensvoller Kundenbeziehungen
- strategische Umsatzsteigerung und Gewinnung von Marktanteilen
- Zusammenarbeit mit den Global Account Managern

Ihr Profil:
- abgeschlossene kaufmännische Ausbildung oder Studium
- absolut kontaktfreudig und kommunikationsstark
- durch Ihre analytische Denkweise entwickeln Sie Geschäftsfelder strategisch weiter
- selbstständiges und zielstrebiges Arbeiten

- Erfahrung im Vertrieb und der Branche
- verhandlungssichere Sprachkenntnisse in Englisch und Französisch
- überdurchschnittliches Engagement und Reisebereitschaft

Unser Angebot:
- positives Arbeitsumfeld in einem dynamischen, wachstumsorientierten und renommierten Unternehmen
- innovative, erstklassige Produkte
- überdurchschnittliche Verdienstmöglichkeiten durch leistungsorientierte Bezahlung
- repräsentatives Firmenfahrzeug

Selbstständiges vertriebsorientiertes Denken sowie Freude am aktiven Verkauf werden ebenso erwartet wie Teamfähigkeit, hohe Einsatzbereitschaft und Belastbarkeit.

Ihre aussagekräftigen Bewerbungsunterlagen richten Sie bitte an:
Firma, Ansprechpartner

Beispiel für den Text einer Stellenanzeige Kundenentwicklung ohne Verwendung von Reizworten

Firmenname XYZ

Manager Business Development (m / w)

Wir suchen zur Weiterentwicklung unserer internationalen Geschäftsfelder eine(n) engagierte(n) Manager Business Development (m / w).

Ihre Position:
- Aufbau neuer Geschäftsfelder bei bestehenden Kunden
- Entwicklung langfristiger und vertrauensvoller Kundenbeziehungen

- Umsatzsteigerung und Gewinnung von Marktanteilen
- Zusammenarbeit mit den Global Account Managern

Ihr Profil:
- abgeschlossene kaufmännische Ausbildung oder Studium
- kontaktfreudig und kommunikationsstark
- analytische Denkweise
- selbstständiges und zielstrebiges Arbeiten
- Erfahrung im Vertrieb und der Branche
- Sprachkenntnisse in Englisch und Französisch
- Engagement und Reisebereitschaft

Selbstständiges vertriebsorientiertes Denken sowie Freude am Verkauf werden ebenso erwartet wie Teamfähigkeit, hohe Einsatzbereitschaft und Belastbarkeit.

Ihre Bewerbungsunterlagen richten Sie bitte an:

Firma, Ansprechpartner

Beispiel für den Text einer Stellenanzeige „Kundenbetreuung" mit Verwendung von Reizworten

Firmenname XYZ

Kompetente(n) Kundenbetreuer(in)

Als etabliertes und finanzkräftiges Unternehmen suchen wir zum nächsten Quartal eine(n) zuverlässige(n) Kundenbetreuer(in) für die Sicherung unserer internationalen Geschäftsfelder.

Ihre Aufgaben:
- routinierte und sichere Abwicklung der Aufträge bei bestehenden Kunden

- intensive Pflege der freundschaftlichen und langfristigen Kundenbeziehungen
- Umsatzsicherung durch beständige Vertragsverlängerungen / Folgeaufträge
- permanente Qualitätssicherung

Ihr Profil:

- abgeschlossene kaufmännische Ausbildung oder Studium
- zuverlässig und kompetent
- strukturierte, kundenorientierte Arbeitsweise
- Einfühlungsvermögen und Teamarbeit
- fundierte Erfahrung im Vertrieb und der Branche
- sichere Sprachkenntnisse in Englisch und Französisch

Unser Angebot:

- freundliches Arbeitsumfeld in einem renommierten Unternehmen
- sicherer Arbeitsplatz mit perfekter Ausstattung
- etablierte Produkte von Top-Qualität
- gute Verdienstmöglichkeiten
- betriebliche Altersvorsorge und Zusatzleistungen

Selbstständiges serviceorientiertes Denken sowie Freude an Beratung und Verkauf werden ebenso erwartet wie Teamfähigkeit, Zuverlässigkeit und Einsatzbereitschaft.

Ihre ausführlichen Bewerbungsunterlagen richten Sie bitte an:
Firma, Ansprechpartner

**Beispiel für den Text einer Stellenanzeige „Kundenbetreuung"
ohne Verwendung von Reizworten**

Firmenname XYZ

Kundenbetreuer(in)

Wir suchen zur Weiterentwicklung unserer internationalen Geschäftsfelder eine(n) Kundenbetreuer(in).

Ihre Aufgaben:
- Abwicklung der Aufträge bei bestehenden Kunden
- Pflege der Kundenbeziehungen
- Umsatzsicherung durch Vertragsverlängerungen / Folgeaufträge
- Qualitätssicherung

Ihr Profil:
- abgeschlossene kaufmännische Ausbildung oder Studium
- zuverlässig und kompetent
- strukturierte Arbeitsweise
- Einfühlungsvermögen und Teamarbeit
- Erfahrung im Vertrieb und der Branche
- Sprachkenntnisse in Englisch und Französisch

Selbstständiges serviceorientiertes Denken sowie Freude an Beratung und Verkauf werden ebenso erwartet wie Teamfähigkeit, Zuverlässigkeit und Einsatzbereitschaft.

Ihre Bewerbungsunterlagen richten Sie bitte an:
Firma, Ansprechpartner

✓ Checkliste

Beispieltexte für anonym geschaltete Anzeigen

1.   Positive Anziehung wird über den Zielmarkt hervorgerufen

Unser Unternehmen befindet sich in einem aufstrebenden, zukunftsorientierten Markt mit großen Wachstumsraten. Durch innovative Produkte mit hohem technischen Entwicklungspotenzial erschließen wir immer neue Geschäftsfelder. Als Marktführer arbeiten wir permanent an unserem Know-how-Vorsprung.

2.   Positive Anziehung wird über das Vertriebsprofil hervorgerufen

Sie suchen eine anspruchsvolle Herausforderung, die Ihr volles Engagement fordert? Sie sind persönlichkeitsstark und überwinden Widerstände auf dem Weg zum Erfolg? Sie wissen, wie man Menschen motiviert und zu neuen Zielen führt? Sie sind intelligent und zählen sich zu den Gewinnern?

3.   Positive Anziehung wird über die Aufgabe hervorgerufen

Zu Ihren Aufgaben gehören die zielstrebige und systematische Akquise von Neukunden. Sie analysieren Ihre Marktsegmente treffsicher nach neuen Absatzmöglichkeiten, öffnen Türen und schaffen rasch neue Kundenbeziehungen. Auf Messen und Vertriebsveranstaltungen präsentieren Sie unser Unternehmen und akquirieren neue Aufträge.

**4.   Positive Anziehung wird über den eingeschalteten
       Unternehmensberater hervorgerufen**

Als renommiertes Beratungsunternehmen mit langjähriger Erfahrung in der Vermittlung von Führungskräften suchen wir für unseren Kunden einen engagierten Geschäftsführer/in Vertrieb. Durch unser qualifiziertes Auswahlverfahren erreichen wir eine außergewöhnlich hohe Besetzungsrate. Für Vorabinformationen stehen Ihnen unsere speziell ausgebildeten Berater auch am Wochenende zur Verfügung.

✓ Checkliste

Beispiele für Anschreiben an Kandidaten auf Netzwerkplattformen

1. Neukundenvertrieb

Sehr geehrte(r) Frau / Herr,

mir ist Ihr interessantes Profil auf der XY-Plattform aufgefallen. Wir sind ein junges, wettbewerbsorientiertes Unternehmen und suchen nach engagierter Verstärkung für unser Vertriebsteam. Sollten Sie an einer neuen Herausforderung interessiert sein, so würden wir uns über eine kurzfristige Kontaktaufnahme freuen.

Mit freundlichen Grüßen

2. Kundenentwicklung

Sehr geehrte(r) Frau / Herr,

mir ist Ihr interessantes Profil auf der XY-Plattform aufgefallen. Wir sind ein junges Vertriebsteam und suchen engagierte Verstärkung. Sollten Sie Lust auf Veränderung haben, so würden wir uns über eine kurzfristige Kontaktaufnahme sehr freuen.

Mit freundlichen Grüßen

3. Kundenbetreuer

Sehr geehrte(r) Frau / Herr,

mir ist Ihr kompetentes Profil auf der XY-Plattform aufgefallen. Wir sind ein etabliertes Unternehmen im Bereich … und suchen tatkräftige Verstärkung für unsere Kundenbetreuung. Sollten Sie Interesse an einer neuen Aufgabe haben, so würden wir uns über eine Kontaktaufnahmen sehr freuen, damit wir Ihnen uns und die Position vorstellen können.

Mit freundlichen Grüßen

✓ Checkliste

Beispiele für Anschreiben an Kandidaten auf Onlinedatenbanken

1. Neukundenvertrieb

Sehr geehrte(r) Frau / Herr,

ich habe Ihr Profil auf der XY-Datenbank gesehen und es erscheint mir äußerst passend für die anspruchsvolle Position, die wir gerade besetzen. Die Herausforderung bei der Position besteht in der Verdoppelung des Umsatzes im kommenden Jahr durch aggressive Neukundenakquise. Wenn Sie diese Challenge reizt, würde ich Ihnen die Job-Möglichkeiten und Perspektiven gerne konkret erläutern. Über eine kurzfristige Kontaktaufnahme über … würde ich mich sehr freuen.

Mit freundlichen Grüßen

2. Kundenentwickler

Sehr geehrte(r) Frau / Herr,

Ihr interessantes Profil auf der XY-Datenbank ist mir aufgefallen und es erscheint mir perfekt passend für eine attraktive Position, die wir gerade besetzen. Für unsere weitere Kundenentwicklung suchen wir eine kommunikationsstarke Persönlichkeit, die über die nötige Energie und Vision verfügt, um neue Entwicklungsfelder zu entdecken und zu erschließen. Wenn Sie diese Position interessant finden, würde ich Ihnen gerne mehr darüber erzählen. Über Ihre Kontaktaufnahme unter … würde ich mich sehr freuen.

Mit freundlichen Grüßen

3. Kundenbetreuer

Sehr geehrte(r) Frau / Herr,

mit Interesse habe ich Ihr Profil auf der XY-Datenbank gesehen. Auf Grund der aufgeführten Kompetenzen und Fähigkeiten denke ich, dass Sie sehr gut für die Position eines Kundenbetreuers in unserem Hause geeignet wären. Die Aufgabe umfasst die langfristige Pflege der Kundenbeziehungen sowie die zuverlässige Auftragsabwicklung. Ich würde Ihnen gerne ausführliche Informationen zukommen lassen und Ihnen unser Unternehmen und die Aufgaben persönlich erläutern. Über Ihre Kontaktaufnahme unter … würde ich mich sehr freuen.

Mit freundlichen Grüßen

Die Rekrutierungsstrategie – Auswählen von Kandidaten

Bevor Sie dieses Kapitel lesen, nehmen Sie sich bitte einige Minuten Zeit, um folgende Fragen zu beantworten:

Stellen Sie sich die drei erfolgreichsten Vertriebsmitarbeiter Ihres Unternehmens vor. Woran hätten Sie diese erkennen können, bevor Sie bei Ihnen angefangen haben?

_____

_____

_____

Welches Risiko gehen Sie ein, wenn Sie einen Bewerber rekrutieren, der den Anforderungen nicht gerecht wird?

_____

_____

_____

Ergänzen Sie diesen Satz in drei möglichen Varianten: Ein Vertriebsmitarbeiter muss mindestens folgende Eigenschaften haben …

1) _____

2) _____

3) _____

Was würde passieren, wenn Sie die Prozesslaufzeit bei der Rekrutierung halbieren?

_____

_____

_____

? Frage

Wie erkenne ich unter allen Bewerbern den richtigen?

! Praxistipp

Die Vorgehensweise zur Auswahl von Kandidaten kann aus „beliebig" vielen Schritten bestehen. Beachten Sie dabei unbedingt, dass ein zu langer Prozess mit zu vielen Schritten bei Kandidaten auch auf Unverständnis stoßen kann. Kandidatenbefragungen haben gezeigt, dass Auswahlprozesse mit drei oder mehr Vorstellungsrunden mit Unsicherheit und fehlender Entscheidungsfreude im Unternehmen verbunden werden. Bei Neukundenvertrieblern gelten mehr als zwei Vorstellungstermine schon als ungewöhnlich, da gerade im Neukundenvertrieb Ergebnisorientierung, Entscheidungsfreude und flache Hierarchien mit kurzen Wegen erfolgskritisch sind. Die Art, wie Sie ihre Vertriebsmitarbeiter auswählen, spiegelt in den Augen der Bewerber die Art wider, wie Sie mit Ihren Kunden umgehen werden. Bekommt der Bewerber das Gefühl in einer „Endlosschleife zu hängen", wird er sich die Frage stellen, wie es wohl ihm selbst und vor allem auch seinen Kunden ergehen wird.

Notizen

Die Auswahl der zukünftigen Mitarbeiter erfolgt normalerweise in drei Stufen:

1. Auswahl basierend auf Bewerbungsunterlagen

2. Auswahl bei den Vorstellungsgesprächen in x Vorstellungsrunden zur Entscheidung, wem ein Angebot gemacht werden soll

3. Auswahl während der Vertragsverhandlungen, falls keine Einigung möglich ist

Arbeiten mit Auswahlkriterien bei der Vertriebsrekrutierung

? | Frage

Was macht einen erfolgreichen Vertriebsmitarbeiter in meinem Unternehmen aus? Wie erkenne ich, dass ich diese Person, diesen Menschen, vor mir habe?

Das sind die wohl schwierigsten Fragen im Rekrutierungsprozess von Vertrieblern. Die Aufgabe und Anforderungen zu beschreiben, ist einfach. Den Zugang zu möglichen Kandidaten zu erhalten, ist – wie im vorherigen Kapitel gesehen – schwieriger, aber letztendlich eine Frage von Fleiß und Menge der versuchten Kontakte.

Den zukünftigen Mitarbeiter aus den Bewerbern zu filtern, ist sehr schwierig. Schließlich können Vertriebler vor allem eins – verkaufen, auch sich selbst! Das macht es schwierig.

Im Vertrieb gibt es keine eindeutigen und klar messbaren Kompetenzen wie in der Buchhaltung, der Mathematik oder z. B. der Softwareentwicklung. Sich auf die vergangenen Vertriebserfolge oder Misserfolge von Bewerbern zu verlassen, ist gefährlich. Der Erfolg im Vertrieb hängt vollständig vom Zusammenspiel von Produkt, Firmenkultur, Führungskultur, Markt und natürlich dem Vertriebler ab. Wenn Sie sich auf frühere Erfolge verlassen, müssen Sie sicher sein, dass alle Rahmenbedingungen mit Ihren vergleichbar oder identisch sind. Ist das nicht der Fall, lässt sich keine Analogie zu zukünftigen Erfolgen ziehen. Wenn Sie Absolventen oder Berufseinsteiger im Vertrieb rekrutieren, können Sie sich gar nicht auf Vergangenheitswerte verlassen.

Bevor die ersten Bewerbungen eingehen und bevor die ersten Vorstellungsgespräche geführt werden, sollten Sie Kriterien definieren, mit denen Sie beurteilen, ob ein Bewerber auf Ihre Stellenausschreibung und in Ihr Unternehmen passt, um geeignete Bewerber herausfiltern zu können.

Allgemeines zur Definition und zur Arbeit mit Auswahlkriterien

? | **Frage**

Was muss ich grundsätzlich beachten, wenn ich Auswahlkriterien erstelle?

Weniger ist mehr – beschränken Sie sich mit den Kriterien auf die wichtigsten Punkte. Im Sinne des Pareto-Prinzips können Sie sich auf die wichtigen 20 % aller möglichen Kriterien beschränken. Damit erreichen Sie eine Genauigkeit von 80 % – für den Rest nutzen Sie Ihre Erfahrung und Ihr Bauchgefühl.

Letztendlich kommt es bei Vertriebsfunktionen immer auf Kommunikationsfähigkeit an. 87 % im Vertrieb (im Übrigen vollkommen unabhängig von Produkt und Markt) ist Emotion. Das heißt: 87 % des Erfolgs Ihrer zukünftigen Vertriebsmitarbeiter werden auf der Fähigkeit beruhen, bei Ihren Kunden den Wunsch zu wecken, bei ihm zu kaufen. Beobachten Sie vor allem im Gespräch, wie der Bewerber bei Ihnen diese „Emotion" weckt. Daher sollten Sie sich selbst vor allem in den Vorstellungsgesprächen Raum für „freie" Kommunikation geben und den Bewerber auf sich wirken lassen. Zu viele Kriterien, die Sie bei Bewerbungsgesprächen im Auge behalten müssen, schränken Ihre eigene Kommunikationsfähigkeit ein und könnten den Blick für den Bewerber einengen.

! Praxistipp

Versuchen Sie bereits für die Beurteilung der Lebensläufe möglichst klare und sichere Kriterien zu definieren. Schreiben Sie für die Vorstellungsgesprächphase zunächst alle Kriterien auf, die ein erfolgreicher Bewerber mitbringen muss und die Ihnen wichtig sind. Achten Sie darauf, dass Sie mindestens 20 Kriterien auflisten. Ordnen Sie diese nach der Wichtigkeit. Nehmen Sie nun die ersten 20 % – das sind Ihre positiven Auswahlkriterien. Sollten Sie sich mit diesen Kriterien noch unsicher fühlen, nehmen Sie die nächsten 20 % noch in Ihre Auswahl hinzu. Definieren Sie nun drei K.O.-Kriterien, das heißt Kriterien, die ein erfolgreicher Bewerber nicht mitbringen darf. Diese drei K.O.-Kriterien und die positiven Kriterien bilden Ihre Kriterienliste.

Auf mehreren Beinen stehen Sie besser – ein erfolgreicher Vertriebsmitarbeiter muss in unterschiedlichen Bereichen die richtigen Voraussetzungen mitbringen, um in Ihr Unternehmen passen zu können.

Achten Sie darauf, dass Sie mit den Kriterien alle wichtigen Bereiche abdecken. Welche Bereiche für die jeweilige Position ausschlaggebend sein können, hängt von der Position ab – mehr dazu später.

Eine Studie des ESB Reutlingen aus dem Jahr 2007 hat ergeben, dass unter den Top 3 der wichtigsten Erfolgsfaktoren für Vertriebsmitarbeiter der Spaß am Job steht – und zwar aus Sicht der Kunden. Das bedeutet, dass Ihre Kunden vor allem dann bei Ihrem Vertriebsmitarbeiter kaufen werden, wenn sie spüren, dass der Mitarbeiter Spaß am Verkaufen hat. Insofern ist die Motivation für den Job eines der wichtigsten Auswahlkriterien für einen Vertriebsmitarbeiter.

Ebenso sind Ehrlichkeit, Verbindlichkeit und die Fähigkeit, Kundenbedürfnisse zu erkennen und in Lösungen umzusetzen, nach der ESB-Studie entscheidend für den Verkaufserfolg.

Weitere Kriterien sollten aus dem Bereich des Führungsmodells Ihres

Unternehmens kommen. In der Regel wird in Vertriebsfunktionen stark zahlen- und ergebnisorientiert geführt. Im Vertrieb wirkt sich Erfolg und Misserfolg schneller und direkter auf den Unternehmenserfolg als in allen anderen Funktionen aus. Insofern müssen Führungskräfte im Vertrieb bei Abweichungen und Fehlentwicklungen schneller und oft auch „härter" steuernd eingreifen als in anderen Funktionen. Ein optimales Zusammenspiel zwischen Mitarbeiter und Führungskraft ist hier entscheidend für den Unternehmenserfolg. Die Führbarkeit von Vertriebsmitarbeitern ist fast noch wichtiger als die aktuelle Kompetenz des Mitarbeiters. Der Mitarbeiter muss sich im Führungsmodell, in der Führungsphilosophie „wohl" fühlen können. Dies muss bei der Auswahl berücksichtigt werden.

! Praxistipp

Überlegen Sie sich, was im Umgang mit den Produkten des Unternehmens und im Kontakt zur Kundenzielgruppe „Spaß" entstehen lässt. Schreiben Sie fünf Begriffe hierzu auf ein Blatt Papier. Achten Sie im Bewerbungsschreiben und in den Auswahlgesprächen darauf, ob diese Begriffe fallen. Fragen Sie gezielt mit offenen Fragen nach der Motivation des Kandidaten – jetzt müssen diese Begriffe fallen!

Lassen Sie den Bewerber zusammenfassen, was er glaubt, das Sie in ihm suchen. Ist es das, was Sie suchen? Schreiben Sie auf, welche Fragen der Kandidat im Bewerbungsprozess gestellt hat. Sind Fragen dabei, die ihm helfen, den Job und Ihre Erwartung zu verstehen? Wenn nein – kann und wird er beim Kunden den Bedarf verstehen können?

Mit welchen Werten und Zielen führen Sie Ihren Vertrieb? Sind diese Begriffe deckungsgleich mit der Motivation des Bewerbers?

Für die Zusammenstellung der 20 Auswahlkriterien, aus denen Sie dann die wichtigsten auswählen können, empfiehlt es sich, sechs Bereiche zu definieren, aus denen die Kriterien kommen sollten. Für jeden Bereich definieren Sie zwei positive und ein negatives (= K.O.) Kriterium. Bereiche, aus denen Sie in jedem Fall Kriterien definieren sollten, sind: Motivation für und Spaß im

Vertrieb; Kommunikationsfähigkeit im Sinne von emotionaler Kommunikation und Verständnis für Ihre Erwartungen; Führbarkeit, das heißt, sind die Erwartungen des Bewerbers deckungsgleich mit Ihrem Führungsmodell?

Klarheit macht das Leben leichter

Alle Auswahlkriterien, mit denen Sie arbeiten, sollten eindeutig definiert sein. Das heißt, es muss für Sie einfach sein, die Entscheidungsampel für jedes Kriterium auf grün oder auf rot zu stellen.

Insofern empfiehlt es sich für jedes Kriterium nur zwei mögliche Stufen zuzulassen: „passt" oder „passt nicht" zu Ihrer Anforderung. Ggfs. können Sie eine dritte Stufe „entwickelbar in annehmbarer Zeit" anwenden. Ich empfehle aber, in diesem Fall die Ampel auf „grün" zu stellen, da dieses Kriterium einer Einstellung dann nicht im Wege stehen wird.

Legen Sie vor der ersten Bewerbung fest, wie viele passende Kriterien ein Kandidat haben muss, damit er in die nächste Runde kommt oder damit Sie ihn einstellen.

Arten von Auswahlkriterien

 **Frage**

Welche Kriterien kann bzw. muss ich verwenden, wenn ich Vertriebsmitarbeiter beurteile?

Positive vs. negative Kriterien

Sie können sowohl Kriterien definieren, die das beschreiben, was Sie in den Kandidaten suchen, oder Kriterien, die beschreiben, was Sie nicht suchen. Negative Kriterien können zum Beispiel sein:

- Der Kandidat soll nicht in einem bestimmten Markt verkauft haben, da dort die Verkaufsmethodik stark von Ihrer abweicht.

- Der Kandidat soll nicht ohne klare, zahlenmäßige Zielvorgaben gearbeitet haben, da das eigene Führungsmodell stark auf Zahlen aufbaut.
- Der Kandidat darf nicht weiter als eine bestimmte Entfernung vom Verkaufsgebiet entfernt wohnen, da sonst die Anfahrt ins Gebiet zu lange wird und die Quoten nicht erreichbar sind.

Gerade im Vertrieb sind wenig wirklich „harte" Kriterien verfügbar, um zu beurteilen, ob ein Kandidat in Ihrem Unternehmen ein erfolgreicher Vertriebler werden wird. Insofern wird die Auswahl immer zu gewissen Teilen auf Erfahrungswerten und dem „richtigen Riecher" beruhen müssen. Sie müssen sich mit der Entscheidung wohl fühlen – auch ohne zu 100% mit harten Fakten entscheiden zu können.

Das menschliche Gehirn ist immer dann mit einer Entscheidung „zufrieden", wenn es den Sachverhalt aus einer positiven Sicht und einer negativen Sicht beleuchtet hat. Was spricht für die Entscheidung, was spricht gegen die Entscheidung? Wann immer die positiven Faktoren zu einer anderen Entscheidung führen würden als die negativen, kommen Sie in ein Entscheidungsdilemma.

Bei der Zusammenstellung der Kriterien ist darauf zu achten, dass sowohl positive Kriterien erfüllt werden als auch die K.O.-Kriterien NICHT zutreffen.

✏ Notizen

Fachliche Auswahlkriterien

Betrachten Sie sich nun die fachlichen Auswahlkriterien etwas genauer. Sie bestehen grundsätzlich aus drei Dimensionen: Branchenerfahrung, Art des bisherigen Vertriebs, Ziel der bisherigen Tätigkeit.

Branchenerfahrung

Die Branchenerfahrung lässt sich relativ leicht definieren. Handelt es sich beispielsweise um den Vertrieb von Telekommunikationsprodukten, so kann Branchenerfahrung bedeuten, dass der Kandidat bereits bei einem direkten Wettbewerber im gleichen Markt tätig war. Dies wäre eine sehr enge Definition, die den Kreis der möglichen Kandidaten stark einschränkt.

Als Branchenerfahrung kann auch gelten, dass jemand z. B. in der Automobilzuliefer-Industrie gearbeitet haben soll, ganz gleich in welchem Bereich, da alle untereinander ähnlich funktionieren.

Wie eng oder weit die Branchenerfahrung gefasst wird, hängt davon ab, wie spezifisch der Verkauf in der eigenen Branche abläuft und wie sich die eigene Firma im Vergleich zu ihren Wettbewerbern positioniert.

Art und Weise des bisherigen Verkaufs

Um die Art und Weise des bisherigen Verkaufs richtig einzuordnen, muss man sich bewusst sein, aus welchen verschiedenen Bereichen er besteht. So kann Verkauf als reine Innendienst-Tätigkeit am Telefon geschehen oder als Außendienstler „draußen" beim Kunden. Obwohl beides Verkaufstätigkeiten sind, fordern sie völlig unterschiedliche Fähigkeiten und Einstellungen beim Verkäufer.

Abhängig vom Produkt und der Art der Kundenbeziehung ergeben sich noch weitere Unterschiede in der Art des Verkaufens: Handelt es sich um einen „beratenden" Verkauf mit einer engen, vertrauensvollen Beziehung? Oder sollen beim Verkauf lediglich verschiedene Optionen gezeigt werden, unter denen der Kunde selbstständig auswählt? Habe ich ein erklärungsbedürftiges Produkt, bei dem der Kunde zu Beginn für sich noch gar keine Notwendigkeit erkennt? Muss der Bedarf beim Kunden geweckt werden?

Über solche und ähnliche Fragen lässt sich herausfinden, was den eigenen – erfolgreichen – Verkauf ausmacht, wo die Besonderheiten liegen. Diese Fakten müssen Sie kennen, wenn Sie beurteilen wollen, ob der Bewerber fachlich zu Ihrem Unternehmen passt.

Die Art und Weise des Verkaufens beeinflusst natürlich auch die Dauer des Verkaufszyklusses, d.h. die Zeitspanne vom Erstkontakt bis zum Abschluss. Die zeitliche Dimension ist nicht zu vernachlässigen. Handelt es sich um einen langen Zyklus, der sich möglicherweise über Jahre hinzieht, so fordert er vom Verkäufer extremes Durchhaltevermögen und strategisches Planen und Vorgehen. Bei sehr kurzen Zyklen sind hingegen rasche Auffassungsgabe, Flexibilität und der Instinkt zum schnellen Abschluss wichtige Erfolgsfaktoren.

Ziel der bisherigen Verkaufstätigkeit

Als Ziele unterscheidet man grundsätzlich, wie bereits im ersten Kapitel auf Seite 18 ff. beschrieben:

- Neukundengewinnung
- Kundenentwicklung
- Kundenpflege / Kundenbetreuung

Jede Phase erfordert unterschiedliche Stärken, Kenntnisse und Vorgehensweisen, wobei die Übergänge fließend und die Phasen nicht zwangsläufig klar voneinander abgegrenzt sind. Je nach Unternehmen werden die Phasen des Verkaufs von einer oder mehreren Personen übernommen. Es stellt sich die Frage, wie es im eigenen Unternehmen aussieht. Wie ist die Kundenbeziehung angelegt? Ist sie personengebunden durch den ganzen Prozess oder setze ich jeden Verkäufer nach seinen Stärken individuell ein?

Um die Kriterien für sich selbst greifbar und nachvollziehbar zu machen, ist es wichtig, die Hintergründe der Auswahlkriterien zu verstehen und zu dokumentieren. Warum ist die Branchenerfahrung wichtig und was bedeutet sie konkret? Muss der Verkäufer die „Sprache" des Kunden sprechen, um seinen Bedarf wirklich verstehen und erfassen zu können? Wie gut muss er den Markt, Entscheidungsprozesse und die Wettbewerber kennen? Nennen Sie konkrete, greifbare Kriterien und bleiben Sie nicht in allgemeinen Formulierungen, damit Sie einen Bewerber später auch über „passt oder passt nicht" beurteilen können.

Zusätzlich zu diesen drei Haupt-Dimensionen können Sie natürlich noch ergänzende fachliche Auswahlkriterien definieren wie z. B.:

- Sprachkompetenzen: welche Fremdsprachen sind auf welchem Niveau erforderlich?
- Kenntnisse in EDV-Systemen: Stichwort CRM, mit welchen Systemen arbeitet die Firma?
- Durchlaufene Schulungen: Wie und wie oft hat sich der Bewerber fortgebildet?
- Wie erfolgreich war der Bewerber bisher in seinem Job? Wie waren seine Zielerreichungsraten? Was waren seine größten Verkaufserfolge? Welche Abschlusszahlen hat er geliefert?

Diese Liste lässt sich beliebig fortsetzen, jedoch sollten Sie sich bewusst sein, dass, je mehr Kriterien Sie haben, umso größer die Wahrscheinlichkeit ist, dass viele nicht erfüllt werden. Behalten Sie daher immer die 20:80-Regel im Blick, d. h. konzentrieren Sie sich auf das Wesentliche! Was ist entscheidend und was rundet lediglich das Bild ab? Welches sind K.O.-Kriterien und wodurch will ich mich zusätzlich absichern?

Wie viele fachliche Kriterien auch aufgestellt werden, sie sollten immer genau definiert und messbar sein. So senken Sie die Gefahr, sich den Bewerber „schön zu reden" und steigern die Chancen für eine fundierte, sachliche Entscheidung. Es genügt folglich nicht zu sagen: „der Bewerber sollte über Branchenerfahrung verfügen". Besser ist es, zu konkretisieren, wie viele Jahre, zu welchem Zeitpunkt zuletzt und in welcher Intensität die entsprechende Erfahrung konkret erwartet wird. Fachliche Auswahlkriterien werden daher immer in drei Dimensionen definiert:

- Wie viel Erfahrung (z. B. in Jahren) wird benötigt?
- Wie aktuell muss die Erfahrung sein?
- Welchen Anteil am Job muss die Erfahrung haben?

! Praxistipp

Ordnen Sie die zu besetzende Position und die bisherige Erfahrung des Kandidaten in folgender Grafik (Job / Skill-Matrix) ein, die die Beantwortung folgender Fragen enthält:

- Wie hoch ist der Neu-Umsatz am Umsatzziel der Position?
- Wie standardisiert ist das zu verkaufende Produkt / Dienstleistung?

Wenn alle Anforderungen und Erfahrungen im gleichen Bereich liegen, stimmen Erfahrung und Position im Groben überein.

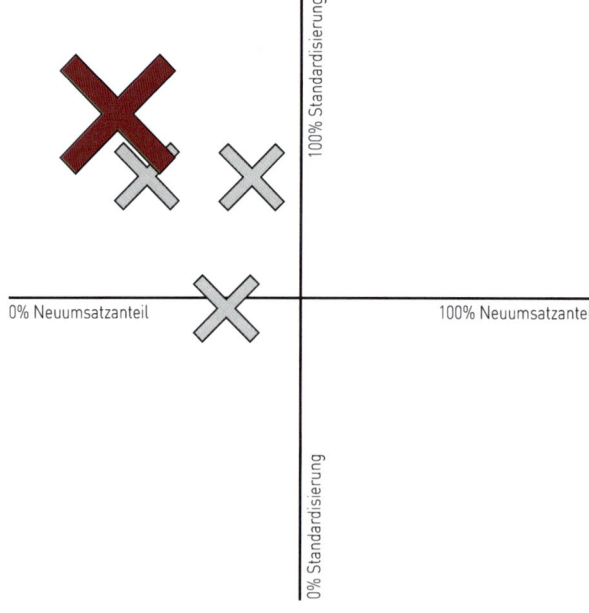

Die Ausbildung als fachliches Auswahlkriterium

Häufig wird als Kriterium ein abgeschlossenes Studium oder eine abgeschlossene Ausbildung herangezogen. Und das, obwohl es für den Vertrieb noch kein Studium und keine Ausbildung gibt! Welchen Zweck erfüllt dieses Kriterium? Meistens wird es herangezogen, weil man im Studium etwas zu Ende bringen muss und strukturiert und methodisch arbeiten muss. Oft wird auch ein Studium verlangt, weil es den Horizont erweitert. Die Frage ist also: geht es um das Studium mit seinen Inhalten oder um die o. a. „Nebeneffekte"? Wenn es die Nebeneffekte sind, gibt es Alternativen, z. B.: Erfolge im Sport, um etwas zu Ende zu bringen, unterschiedlichste Hobbies, die aktiv betrieben werden, wenn es um den weiten Horizont geht. Überlegen Sie sich genau, warum Sie welche Ausbildung verlangen und ob das Auswahlkriterium im Erlernten oder den Randerscheinungen liegt. Benötigen Sie die Inhalte eines Studiums für die Tätigkeit, gibt es keine Alternative zum Studium. Bei den Randeffekten empfehlen wir, in der Stellenausschreibung nicht nach dem Studium zu fragen, sondern nach dem gewünschten Verhalten (siehe auch Verhaltenskriterien Seite 118) – denn letztendlich wollen Sie über das zu Ende gebrachte Studium Verhaltensmuster absichern.

! Praxistipp

Verwenden Sie das Auswahlkriterium Studium nur, wenn Sie es wirklich aus fachlichen Gründen benötigen. Verwenden Sie es nicht als Abschreckung und als Bewerbungshürde. Das ist nicht ehrlich! Wenn Sie eine Hürde aufbauen wollen, beschreiben Sie deutlich, auch aus negativer Sicht, was Sie erwarten. Das ist Abschreckung genug – und es ist ehrlich. Bewerber wollen vor allem Klarheit und Ehrlichkeit beim zukünftigen Arbeitgeber und keine Tricks.

Übung

Denken Sie an eine Vertriebsposition in Ihrem Unternehmen. Wählen Sie nun aus der Checkliste „fachliche Kriterien" (Seite 153) die 20 % aus, die für Sie wichtig sind. Erklären Sie jedem, warum diese wichtig sind und was passieren würde, wenn ein Bewerber diese nicht erfüllt. Wie sicher sind Sie bei der Entscheidung, wenn Sie im Auswahlprozess nur diese 20 % Kriterien beachten? Welche weiteren Kriterien brauchen Sie zusätzlich? Ergänzen Sie die Liste entsprechend.

✎ Notizen

Verhaltenskriterien

❓ Frage

Wenn 87 % der Entscheidungen im Verkauf auf der emotionalen Ebene liegen, ist das Verhalten von Vertrieblern entscheidend für den Erfolg. Wie kann ich das beurteilen? Wie stelle ich sicher, dass mir der Bewerber nichts vormacht?

Da „Vertrieb" kein eindeutiges, klar umrissenes Berufsbild ist, gibt es nicht DEN VERKÄUFER, der alles an jeden verkaufen kann. Je nach Branche, Produkt und Kunde sind verschiedene Kenntnisse und Fähigkeiten nötig. Aber warum ist das so? Warum ist nicht jeder für jede Art von Vertrieb oder jedes Produkt geeignet? Warum ist verkaufen nicht gleich verkaufen?

Der Grund liegt darin, dass 87 % der Kaufentscheidung bei Kunden reine Emotion sind. Und diese persönlichen Emotionen sind so vielfältig und unterschiedlich wie die Kunden selbst.

Was löst die Emotionen aus, wovon werden sie beeinflusst? Untersuchungen zeigen, dass Emotionen lediglich zu 7 % durch Sachinhalte ausgelöst werden, der Rest jedoch in erster Linie durch das Auftreten und Verhalten der Person, also des Verkäufers. Wenn man sich diese Zahlen vor Augen führt, wird deutlich, welch große Bedeutung das Verhalten im Verkaufsprozess hat und wie wichtig es daher ist, dies bei der Auswahl künftiger Mitarbeiter zu beachten. Das Verhalten sollte dabei aus dreierlei Sicht betrachtet werden:

1. Wird die Stelle nach innen richtig ausgefüllt?
2. Ist die Person führbar (und kann damit auch andere führen)?
3. Kann durch das Verhalten Erfolg beim Kunden ausgelöst werden?

Wie Sie diese Verhaltenskriterien genau formulieren und handhaben müssen, um Konflikte mit dem AGG (Allgemeines Gleichstellungsgesetz) zu vermeiden, wird in einem gesonderten Kapitel behandelt.

Untersuchen wir zunächst, was Verhalten ausmacht, woraus es besteht, wie es definiert wird, um es zu einem greifbaren und qualifizierbaren Kriterium zu machen. Zunächst einmal gilt, dass Verhalten nicht ein für allemal gesetzt, sondern situationsabhängig ist.

Dabei unterscheidet man grundsätzlich drei Verhaltenssituationen:

- normales Verhalten
- Verhalten unter Druck
- angepasstes Verhalten

Die gezeigten Verhaltensweisen können je nach Person in jeder der drei Situationen gleich sein oder aber auch gegensätzlich erscheinen. Ebenso ist möglicherweise je nach Situation im Aufgabenfeld auch ein unterschiedliches Verhalten gewünscht.

Wichtig für die Auswahl ist es daher, für jede Situation ein „Ziel-Verhaltensmuster" zu definieren, wie sich erfolgreiche Verkäufer verhalten sollten: das Wunsch-Verhalten für die häufigsten bekannten Situationen und das Verhalten bei unbekannten Situationen. Dieses Verhalten kann sowohl über positive Bestandteile, also „was muss auf jeden Fall getan werden", als auch über Negativ-Kriterien, „was darf auf keinen Fall passieren", definiert werden. Am besten definieren Sie beides.

Um Verhalten grundsätzlich beschreiben zu können und sich nicht in Einzelfällen zu verlieren, ist es nötig, die vier Grundbestrebungen zu kennen, mit denen menschliches Verhalten allgemein beschrieben wird. Diese sind, wie bereits in der Einleitung zu diesem Buch beschrieben:

- Dominanz
- Initiative
- Sicherheit
- Genauigkeit

Was bedeuten diese Begriffe im Einzelnen?

1. Dominanz

Menschen mit einer hohen Dominanz lieben Herausforderungen und Wettbewerb. Sie brauchen ein klares Ziel vor sich und werden dann auch gegen Widerstände alles daran setzen, dieses Ziel zu erreichen. Im Umgang mit anderen sind dominante Menschen für gewöhnlich sehr direkt, neugierig und können durchaus antreibend auftreten und ggf. in ihrem Ehrgeiz sogar andere überrollen. Ihre Motivation sind Macht und Autorität und ihr Wille, Ergebnisse zu erzielen, macht sie für Teams so wertvoll. Im Hinblick auf vertriebliche Tätigkeiten werden dominante Menschen zielstrebig auf den Abschluss drängen, wobei diese Stärke vor allem in der Neukundenakquise von Bedeutung ist, da dominante Menschen nicht auf lang angelegte Kundenbeziehungen angewiesen sind.

2. Initiative

Menschen mit einem stark initiativen Verhalten sind von Haus aus eher optimistisch und positiv. Sie gehen aus sich heraus und wirken auf andere sehr überzeugend und gesellig. Initiative Menschen knüpfen schnell und gerne Kontakte und sind oft sehr emotional, spontan und impulsiv und genießen öffentliche Anerkennung. Durch ihre breit gefächerten Interessen könnten sie dazu neigen, den Fokus aus den Augen zu verlieren, ohne dass sie sich dessen bewusst sind. Für Teams leisten sie vor allem in den Bereichen Kommunikation, Networking und Motivation einen entscheidenden Beitrag. Im Vertrieb können sie sehr gut Kundenbeziehungen aufbauen und diese ausdauernd pflegen, was vor allem im Bereich Kundenentwicklung und -betreuung von Vorteil ist.

3. Sicherheit

Personen mit einem hohen Sicherheitsbedürfnis erscheinen üblicherweise als liebenswürdig, unkompliziert, zufrieden und entspannt. Anstatt impulsiv zu reagieren, neigen sie eher dazu, Ärger in sich aufzustauen und innerlich Groll zu hegen. Als geduldige, überlegte Menschen streben sie enge Beziehungen zu einer relativ kleinen Gruppe an, deren ehrliche Anerkennung ihnen wichtig ist und zu denen sie absolut loyal und hilfsbereit sind. Sicherheitsbetonte Menschen streben den Erhalt des Status Quo an, da sie keine schnellen Veränderungen lieben. In Teams arbeiten sie gerne als Mitglied im Hintergrund mit und leisten im Bereich Planung, Abstimmung und Organisation einen wertvollen Beitrag. Ihr zurückhaltendes, stark strukturiertes und auf den Status Quo ausgerichtetes Verhalten könnte sich im Vertrieb als hinderlich erweisen, wenn es darum geht, sich rasch auf Kundenbelange einzustellen oder sehr mobil zu sein.

4. Genauigkeit

Menschen mit einer hohen Genauigkeit sind systematische Denker und Arbeiter, die klare Regeln und Vorgaben bevorzugen und oft mit viel Liebe zum Detail arbeiten. Sie sind in der Regel freundlich, anpassungsfähig und loyal, wobei sie oft versuchen, Konflikte zu vermeiden. In Bezug auf Entscheidungen agieren sie eher vorsichtig und konservativ und benötigen genügend Zeit, um alle verfügbaren Informationen gründlich zu prüfen. Ihre Stärken im Team liegen in der Problemlösung, Qualitätskontrolle, Logik und der Spezialisierung. Im Vertrieb ist diese Rolle vor allem im Bereich der Kundenbetreuung bei komplizierten technischen bzw. erklärungsbedürftigen Produkten von Vorteil, wenn es darum geht, bis ins Detail genau zu arbeiten.

Für das gezeigte Verhalten stehen starke Ausprägungen in den Bereichen D, I, S und G für Stärken, die auch bewusst von der Person eingesetzt werden. Geringe Ausprägungen hingegen zeigen die „Wurzeln" bzw. Motivation für das Verhalten, die oft unbewusst erfolgt. Die Ausprägung der einzelnen Werte sowie das Verhältnis einzelner Faktoren zueinander bestimmen letztendlich das Verhalten, wobei sich verschiedene Faktoren sowohl verstärken als auch behindern können.

Wie die Definition von Wunschverhalten in bestimmten Situationen aussehen kann sehen Sie in der Checkliste (S. 154).

Dieses Wissen vergleichbar zu machen und damit eine klare Entscheidungsgrundlage zu bilden, ist eine der wichtigsten und zugleich schwierigsten Aufgaben bei der Rekrutierung von Vertriebsmitarbeitern.

? Frage

Wie kann ich das Verhalten von Bewerbern als Grundlage für eine Entscheidung objektiv bewerten?

Möglichkeit 1: „einfaches Beobachten"

Natürlich können Sie den Bewerber im Vorstellungsgespräch beobachten. Das Beobachten ist aber sehr gefährlich, weil beobachtetes Verhalten nicht eindeutig einem bestimmten Verhaltensmuster zugeordnet werden kann. Zudem ähneln sich verschiedene beobachtete Verhaltensmuster sehr und können leicht verwechselt werden. Zum Beispiel ist es sehr schwer zu unterscheiden, ob ein Bewerber eine Meinung hat, weil es SEINE eigene Meinung ist oder weil er die Meinung von anderen nachredet. Oder wie will man beurteilen, ob ein Bewerber Stadtmeister im Tennis ist, weil er selber das Ziel hatte, Stadtmeister zu werden oder weil es seine Eltern von ihm erwartet hatten. Den jeweiligen beobachteten Verhalten liegen jeweils komplett unterschiedliche Verhaltensgrundmuster zugrunde und würden aus Führungssicht zum Beispiel komplett unterschiedliches Führungsverhalten erfordern. Darüber hinaus projektiert jeder Mensch in das beobachtete Verhalten die eigene Vorstellung von „richtigem" Verhalten und die eigenen Werte. Dadurch wird das beobachtete Bild verfälscht und unterscheidet sich oft deutlich von der Realität.

Aus diesen Gründen rate ich Ihnen davon ab, Verhaltenskriterien lediglich anhand von einfacher Beobachtung zu überprüfen.

Möglichkeit 2: wissenschaftliche Analysen

Das Verhalten von Menschen lässt sich über wissenschaftliche, in der Regel aus der Psychologie entstandene Analyseverfahren beschreiben. Diese Verfahren sind in der Regel sehr präzise und geben eine gute Indikation über das Verhalten in unterschiedlichen Situationen.

Wichtig beim Umgang mit diesen Verfahren ist, dass sie nur von ausgebildeten und zertifizierten Fachkräften durchgeführt werden dürfen. Sie dürfen nur mit Zustimmung des Bewerbers angewandt werden und in der Regel sind sie im Sinne des Betriebsverfassungsgesetzes auch zustimmungspflichtig.

Da es kein richtiges oder falsches Verhalten an sich gibt, sollten Sie nur mit Verfahren arbeiten, die nicht werten, sondern beschreibend sind. Die Beschreibung sollte nie Entscheidungskriterium, sondern immer „nur" Gesprächgrundlage sein. Besprechen Sie mit dem Kandidaten offen das beschriebene Verhalten, ob er es nachvollziehen kann und erklären Sie dann, in welchen Punkten es Unterschiede zum Wunschverhalten geben kann. Diese Unterschiede können dazu führen, dass sich der Kandidat in der Rolle später unwohl fühlen wird oder keinen Erfolg haben wird. Diskutieren Sie, wie der Bewerber mit dem Unterschied umgehen wird und nutzen Sie das Gesamtbild als Unterstützung Ihrer Entscheidung.

! Praxistipp

Arbeiten Sie mit den Analysemethoden nach dem „Frosch in der Wüste"-Prinzip. Ein Frosch in der Wüste wird mit Sicherheit vertrocknen. Das liegt aber nicht daran, dass der Frosch ein schlechter Frosch ist. In der Wüste ist er ganz einfach am falschen Platz. Auch ein Frosch kann in der Wüste überleben, wenn man ihm genügend Wasser zuführt. Genauso ist es mit dem Verhalten. Das Verhalten kann nicht richtig oder falsch, gut oder schlecht sein. Die Umgebung, bzw. hier der Job, das Unternehmen und die Führungskultur, können für das Verhalten unpassend sein. Eventuell kann man sich darauf einstellen, eventuell aber auch nicht. Meiden Sie auf jeden Fall Analysen, die Ihnen Stärken und Schwächen der Bewerber aufzeigen. Stärken und Schwächen entstehen immer im Verhältnis zur Anforderung. IHRE Anforderungen aber sind den wenigsten Analysemethoden bekannt und somit können die Stärken und Schwächen nur im Hinblick auf allgemein gültige Anforderungen ermittelt werden – für die Auswahl einer so wichtigen Position wie Ihrem neuen Vertriebler ist das sicher nicht ausreichend!

Möglichkeit 3: den Kandidaten zu seinem Verhalten befragen

Befragen Sie den Kandidaten, wie er sich in bestimmten Situationen verhalten wird. Lassen Sie das Verhalten anhand von Beispielen aus der Vergangenheit erklären und verstehen Sie, wie sich das Verhalten tatsächlich äußert. Zu den Situationen, zu denen Sie den Kandidaten befragen, definieren Sie sich im Vorfeld erwartetes Verhalten, sodass Sie Abweichungen erkennen können. Schildern Sie bei Abweichungen, welches Verhalten in der vergleichbaren Situation die Position bei Ihnen erfordern wird und warum das so ist. Besprechen Sie mit dem Bewerber, wie er die Abweichung sieht und wie er denkt, damit umgehen zu können.

Möglichkeit 4: Situationen spielen bzw. kleine Rollenspiele

Lassen Sie den Bewerber kleine Rollenspiele spielen, zum Beispiel dass er Ihnen etwas verkaufen muss. Oder lassen Sie ihn eine Präsentation zu einem Thema halten. Achten Sie jetzt nicht so sehr auf den Inhalt, sondern beschreiben Sie das Gesehene aus Verhaltenssicht:

Wie detailliert ist das Rollenspiel / die Präsentation? →	Typ Genauigkeit
Ist das Rollenspiel / die Präsentation faktenbezogen? →	Typ Genauigkeit
Ist das Rollenspiel / die Präsentation zielorientiert? →	Typ Dominanz
Vertritt der Bewerber eine eigene Meinung? →	Typ Dominanz
Redet der Bewerber viel? →	Typ Initiative
Sendet er Ich-Botschaften? →	Typ Initiative
Bezieht er den Zuhörer mit ein? →	Typ Sicherheit
Bezieht er sich auf Hintergründe und Ursachen? →	Typ Sicherheit
Redet er über das „Wie"? →	Typ Genauigkeit
Redet er über das „Wann"? →	Typ Dominanz
Redet er über das „Warum"? →	Typ Sicherheit
Redet er über das „Wer"? →	Typ Initiative

usw.

Wichtig für die Rekrutierung von Vertrieblern ist auch, dass normales Verhalten und Druckverhalten gespielt wird. Definieren Sie nicht nur das Wunschverhalten, sondern auch negatives Verhalten, das nicht erscheinen darf. Druckverhalten ist im Vertrieb sehr wichtig, da in der Regel kurz vor Abschluss von Verträgen Druck entsteht und das richtige Verhalten unter Druck zum Erfolg führen bzw. nicht angepasstes Verhalten den Abschluss verhindern wird. Das Druckverhalten nimmt an Bedeutung zu, wenn der Job vor allem daraus besteht, mit wenigen Aufträgen das Umsatzziel erreichen zu müssen: Hier hat ein Fehlschlag große Auswirkung auf das Umsatzziel und die wenigen Chancen müssen gerade unter Druck genutzt werden. Bei Positionen mit hoher Abschlusszahl ist das unproblematischer. Je geringer die Anzahl von Einzelaufträgen, umso wichtiger ist es, das Druckverhalten zu prüfen.

! Praxistipp

Wenn keine wissenschaftlichen Analyseverfahren zur Verfügung stehen, um das Verhalten zu beschreiben, sollten Sie die Möglichkeiten 3 und 4 kombinieren. Das heißt, zunächst befragen Sie den Bewerber und lassen sich Verhaltensmuster beschreiben. Dann nehmen Sie den Kandidaten in eine gespielte Situation mit Bezug zur beschriebenen Situation. Achten Sie jetzt vor allem auf Unterschiede zwischen dem erzählten und gespielten Verhalten. Mit diesen Unterschieden konfrontieren Sie den Bewerber und bauen so Druck auf, auf den der Bewerber reagieren muss. Das Verhalten in dieser Situation ist das Druckverhalten, das man mit dem erwarteten Verhalten abgleichen kann. Die Kombination aus den Möglichkeiten 3 und 4 ergibt ein recht gutes Bild über das zu erwartende Verhalten. Stellen Sie sich jetzt den Bewerber mit genau diesem Verhalten beim Kunden vor. Sehen Sie einen erfolgreichen Verkäufer? Stellen Sie sich jetzt den Bewerber mit genau diesem Verhalten im Monatsgespräch bei nicht erreichten Zielen vor. Sehen Sie einen erfolgreichen Mitarbeiter, den Sie führen können?

! Praxistipp

Da unser Verhalten von unserem Denken beeinflusst wird und sich das Denken im Reden äußert, erkennt man an der Sprache viele Verhaltensmuster (vgl. Reizwortliste auf Seite 87 f.). Wie können Sie das nutzen?

Zum einen dadurch, dass man auf Begriffe achtet und die Verhaltensdimension erkennt, die am meisten bzw. am wenigsten „angesprochen" bzw. „ausgesprochen" wird. Zum anderen, indem Sie für die Rollenspiele zwei Varianten zur Auswahl geben. Eine Variante beinhaltet gezielt das Vokabular der benötigten Verhaltensmuster. Die andere beinhaltet dieses Vokabular gar nicht. Welches Rollenspiel wählt der Kandidat? Nimmt er das „andere", konfrontieren Sie ihn damit – und beobachten Sie erneut sein Druckverhalten.

Ziele als Auswahlkriterien

Um den richtigen Mitarbeiter für Ihr Vertriebsteam zu finden, müssen Sie auch sicherstellen, dass die Ziele, mit denen Sie den Mitarbeiter führen, motivierend für ihn sind. Dabei geht es nicht so sehr um die Höhe der Zielvorgaben, sondern um die Art des Zielsystems und die damit verbundene Führung. Nur wenn sich der Mitarbeiter mit den Zielen führen und motivieren lässt, wird er erfolgreich werden können.

Um dies zu überprüfen, müssen Sie zunächst ihr eigenes Zielsystem festhalten. Welche qualitativen und welche quantitativen Ziele werden Sie dem Vertriebsmitarbeiter setzen? Sind die quantitativen Ziele ergebnisorientiert oder beginnen Sie auf Aktivitätsebene? Haben Sie eine zeitliche Hierarchie im Zielsystem, die aus lang-, mittel- und kurzfristigen Zielen besteht? Wie häufig überprüfen Sie die Zielerreichung? Wie stark darf oder soll der Mitarbeiter aus übergeordneten Zielen heraus seine eigenen Ziele setzen? Würden Sie Ihre Organisation als zahlenorientiert bezeichnen?

Aus Ihrem Zielsystem leiten Sie nun ab, welches Verständnis Sie von einem Bewerber erwarten, damit er für Ihr Unternehmen geeignet ist. Die Erwartung an den Bewerber definieren Sie in folgenden Punkten:

- Welche Wichtigkeit sollen Aktivitäts-, Umsatz / DB- und qualitative Ziele haben?
- Wie arbeitet der Bewerber mit den Zielvorgaben?

- Wie verhält er sich, wenn er Ziele nicht erreicht?
- Wie waren sein Umgang mit Zielen und seine Zielerreichung in der Vergangenheit?

Im Kontakt mit dem Bewerber ist es wichtig, dass Sie zuerst sein Verständnis und seine Erfahrung im Umgang mit Zielen verstehen, bevor Sie mit ihm über die Ziele der Position und Ihre Erwartung an den Umgang mit Zielen reden.

Beginnen Sie daher früh, sein Zielverständnis zu verstehen – beim Lebenslauf:

- Sind im Lebenslauf Zielvorgaben und Zielerreichungsgrade angegeben (im Vertrieb ist das nicht unüblich)?
- Sind im Lebenslauf nur Stellen und Aufgaben beschrieben, oder auch die damit verbundene Verantwortung?
- Gibt der Bewerber in der Bewerbung an, welche Ziele er mit der Bewerbung bei Ihnen verbindet?

In den Bewerbungsgesprächen vertiefen Sie das erste Bild:

- Wie wurden in den letzten Jobs die Ziele von den Vorgesetzten geführt, wie hat sich der Bewerber damit gefühlt und wie war die Zielerreichung?
- Welchen Nutzen sieht er in der Tatsache, dass er Ziele gesetzt bekommen hat?
- Wie geht er damit um, wenn er Ziele nicht erreicht?
- Was erwartet er im Hinblick auf Ziele vom Vorgesetzten, wenn er seine Ziele erreicht?

Nachdem Sie ein klares Bild vom Zielverständnis des Bewerbers haben, erklären Sie dem Bewerber, mit welchen Zielen Sie führen, welche Bedeutung die Ziele insgesamt haben und was Sie von ihm in dieser Beziehung erwarten. In diesem Punkt empfiehlt es sich, sehr deutlich zu sein und nichts zu beschönigen. Nur wenn der zukünftige Mitarbeiter ein klares Bild vom Zielsystem und der damit verbunden Führung hat, kann er wirklich entscheiden, ob er sich in einem Job wohl fühlen und erfolgreich werden wird. Besprechen Sie mit dem Bewerber alle Abweichungen, die Sie zwischen Ihrem Zielsystem und dem Zielverständnis des Kandidaten sehen.

Nur wenn die Erwartungen in diesem Punkt klar und deutlich auf der gleichen Wellenlänge liegen, wird der Vertriebsmitarbeiter Spaß an der Aufgabe haben und erfolgreich werden können. Ist das nicht der Fall, wird der Vertriebsmitarbeiter mit hoher Wahrscheinlichkeit scheitern, egal wie gut er als Vertriebler ist.

Notizen

Die Verwendung von Auswahlkriterien im zeitlichen Verlauf der Rekrutierung

❓ Frage

Welche Kriterien sollen wann im Prozess verwendet werden?

Grundsätzliche Regeln im Hinblick auf den Zeitpunkt

Die wichtigste Regel ist: definieren Sie alle Kriterien zusammen mit IHRER Erwartungshaltung für die Kriterien, die Sie zur Auswahl heranziehen wollen, BEVOR Sie mit der Suche beginnen.

Der späteste Zeitpunkt, wann Sie die Kriterien schriftlich dokumentiert haben müssen, ist BEVOR Sie mit dem ersten Bewerber reden und BEVOR Sie den ersten Lebenslauf lesen.

Eindeutige K.O.-Kriterien müssen früh geprüft werden. Erfüllt ein Bewerber diese nicht, lohnt es nicht, mit ihm in Gespräche zu treten.

Grundsätzlich stellt die Eignung für das vertriebliche Grundprofil das wichtigste Entscheidungskriterium dar. Erst wenn dieses erfüllt ist, kümmern Sie sich um andere Auswahlkriterien.

Spezifisch zur Vertriebsrekrutierung ist, dass Sie zu allen Auswahlkriterien zunächst ein Bild vom Kandidaten haben müssen, bevor Sie mit ihm über die Erwartungshaltung Ihrerseits reden. Generell arbeitet man bei der Rekrutierung im Vertrieb für jedes Auswahlkriterium, das man definiert hat, in drei Schritten:

1. Schritt: Machen Sie sich ein Bild vom Bewerber.
2. Schritt: Erklären Sie klar und offen Ihre Erwartung.
3. Schritt: Diskutieren Sie Abweichungen und Veränderungsbedarf.

Dreht man den Dreiklang um und kennt der Bewerber Ihre Erwartung, bevor Sie sich ein Bild machen können, wird der Bewerber, sofern er ein guter

Vertriebler ist, sich im Hinblick auf das Auswahlkriterium verkaufen können. Generell sollten Sie nach dem Prinzip SELL-IN – SELL-OUT – SELL-IN vorgehen.

Sell-In bedeutet, dass Sie im Kandidaten die positiven Gründe suchen, warum er zu Ihnen passt. Sell-In-Argumente sind demnach Kriterien, die ein Kandidat haben muss, um den Job erfolgreich ausführen zu können. Definieren Sie, wie viele Ihrer Sell-In-Argumente der Kandidat haben muss, welche unbedingt vorhanden sein müssen und welche hilfreiche Kriterien sind.

Sell-Out bedeutet, dass entweder Sie im Kandidaten K. O.-Kriterien suchen, oder dem Kandidaten Informationen geben, mit denen Sie ihn abschrecken wollen. Definieren Sie, wie bei den Sell-In-Kriterien, welche K. O.-Kriterien ein Kandidat nicht haben darf und mit welchen Sell-Out-Argumenten Sie den Kandidaten „verlieren wollen". Sell-Out Kriterien sind also nicht veränderbare Rahmenbedingungen und Gegebenheiten des Jobs, die für gewisse Profile unangenehm oder K.O.-Kriterien für einen Job sind. Kandidaten, die nach dem Sell-Out noch interessiert oder interessant sind, haben in der Regel eine sehr hohe Verbindlichkeit und Qualität. Verzichten Sie nicht auf das Sell-Out, auch wenn es auf den ersten Blick etwas abschreckend wirkt. Sell-Out ist einer der wichtigsten Faktoren für erfolgreiche Rekrutierung im Vertrieb. Die Bewerber erwarten die Sell-Out-Phase aus Gründen der Ehrlichkeit und Offenheit und weil jeder Mensch ein Thema immer positiv und negativ beleuchten will, bevor er sich entscheidet.

Im Verlauf der Rekrutierung, aber auch in den einzelnen Gesprächen, beginnen Sie mit einem oder zwei Sell-In-Kriterien oder Argumenten, um dem Gespräch einen positiven Einstieg zu geben. Danach wechseln Sie jedoch schnell in die Sell-Out-Phase des Gesprächs. Nach dem Sell-Out wird das Gespräch wieder positiv, d. h. mit dem Sell-In beendet. In der Verteilung gilt die Regel 20 % – 30 % – 50 % (Sell-In – Sell-Out – Sell-In).

Notizen

Auswahlkriterien für die Ansprachephase und den ersten Kontakt

In der Ansprache- und Erstkontaktphase ist es wichtig, vor allem das Stellenziel, das heißt die eigentliche Aufgabe, in den Mittelpunkt zu stellen: Kundengewinnung – Kundenentwicklung – Kundenbetreuung. Da Sie in dieser Phase den Kandidaten noch nicht kennen (es ist der erste Kontakt) und Sie teilweise keinen Einfluss auf seine Reaktion haben (wenn er die Anzeige liest), müssen Sie hier vor allem mit den Reizworten arbeiten, die den entsprechenden Profilen zugeordnet sind:

- In den Anzeigen oder wenn Sie die Position vorstellen, sollten Sie – wenn es die Situation erlaubt – möglichst mit Reizworten arbeiten.
- Wenn Sie den Kandidaten zum ersten Mal sprechen, fragen Sie ihn als erstes mit einer offenen Frage, was er sucht. Im zweiten Schritt des Gesprächs hinterfragen Sie spezifisch den Neukundenanteil und die Standardisierung des Produktes, die er sucht. Gleichen Sie die Aussagen mit Ihren Erwartungen ab und entscheiden Sie, ob Sie weiter machen. Fragen Sie ihn nun nach den drei wichtigsten Sell-Out-Kriterien. Wenn alles passt, macht es Sinn den Lebenslauf im Detail anzuschauen, bzw. dann ein persönliches Gespräch zu vereinbaren und den Auswahlprozess mit dem Kandidaten zu besprechen (Anmerkung: Um dieses Gespräch zeiteffizient zu führen, sollten Sie das Gespräch einem persönlichen Vorstellungsgespräch immer telefonisch vorschalten).
- Klären Sie einige Randbedingungen, die K.O.-Charakter haben, wie Standort o. ä.

Die o. a. Kriterien können Sie entweder im Gespräch klären oder Sie formulieren diese als Sell-In oder Sell-Out (Reizworte) in der Anzeige (vgl. Anzeigentexte Seite 89 ff.).

! Praxistipp

Sofern Sie im ersten telefonischen Gespräch mit einem Kandidaten nach dem Sell-Out weitermachen wollen, das heißt ein Vorstellungsgespräch vereinbaren wollen oder Bewerbungsunterlagen anfordern, besprechen Sie mit der Vereinbarung des nächsten Schritts den gesamten Auswahlprozess – inhaltlich und terminlich. Es gibt kein motivierenderes Sell-In als über die Zukunft zu sprechen. Somit stimmen Sie den Kandidaten grundsätzlich positiv und erhöhen die beiderseitige Verbindlichkeit. Vorgehensweisen im Vorfeld abzustimmen ist nicht nur klug, um mögliche Terminschwierigkeiten im Vorfeld auszuräumen, es ist auch außerordentlich professionell.

Auswahlkriterien für die Beurteilung der Bewerbungsunterlagen

Bei der Beurteilung der Bewerbungsunterlagen geht es ähnlich wie bei der Ansprache und der Kontaktaufnahme darum, zu erkennen, dass das Stellenprofil und die Art des Vertriebs grundsätzlich zum Bewerber passen und dass es keine K. O.-Kriterien gibt. Darüber hinaus muss natürlich die bei Ihnen ausgeschriebene Position eine sinnvolle Fortführung des bisherigen Lebenslaufes darstellen.

? Frage

Wie erkenne ich einen Neukundenvertriebler am Lebenslauf?

Zunächst natürlich an der bisherigen Erfahrung, wenn der Bewerber bereits über Berufserfahrung verfügt.

Achten Sie dabei als erstes darauf, ob der Kandidat in den bisherigen Tätigkeiten im Neukundenvertrieb war. Generell sprechen wir bei einem Umsatzanteil von über 50 %, der mit Neukunden gemacht wird, vom reinen Neukundenvertrieb, ab 30 % sprechen wir vom Neukundenvertrieb. Wichtig bei der Beurteilung des Grundprofils anhand der bisherigen Erfahrung ist, dass keine Entwicklung weg vom Neukundenvertrieb zu erkennen ist, zum Beispiel indem der Bewerber immer weniger Neukundenanteile am Umsatz hat oder die Positionen, die er vorher hatte, immer mehr Zusatzthemen hatten, wie Führungsaufgaben, Marketingaufgaben, Schulungsaufgaben etc.

Positiven Einfluss auf die Beurteilung eines Lebenslaufes im Hinblick auf Neukundenvertrieb bei den bisherigen Tätigkeiten haben:

- Tätigkeiten, die in sehr wettbewerbsintensiven Märkten waren
- Angabe von Zielvorgaben und Zielerreichungsgraden
- Angabe von gewonnenen Kunden oder Kundengruppen

Das zweite wichtige Kriterium, ob der Mitarbeiter in den Neukundenvertrieb Ihres Unternehmens passt, ist die Art des Vertriebs:

- Wie erklärungsbedürftig ist Ihr Produkt / Dienstleistung im Vergleich?
- Entsprechen die Entscheidungsstrukturen der bisherigen Kunden des Bewerbers den Strukturen, die Sie von Ihren Kunden kennen?
- Sind Anzahl und durchschnittliche Höhe der bisher getätigten Abschlüsse vergleichbar mit Ihrem Business?
- Mit welchen Verkaufszyklen hatte der Bewerber bisher zu tun?

! Praxistipp

Ein Bewerber, der die o. a. Informationen in seinem Lebenslauf angibt, lebt das Verhalten eines Neukundenvertrieblers. Andersherum heißt das nicht, dass Bewerber, die die Informationen nicht direkt angeben, keine Neukundenvertriebler sind. Wenn Sie diese Informationen nicht aus dem Lebenslauf entnehmen oder ableiten können, aber grundsätzlich ein gutes Gefühl mit dem Bewerber haben, vereinbaren Sie ein erstes Telefongespräch. Oder bereiten Sie für Bewerber, die Sie einladen wollen, einen Fragebogen vor, in dem Sie diese Informationen angeben müssen. Entscheiden Sie danach über eine Einladung zum Gespräch.

Unabhängig davon, ob der Bewerber bereits Berufserfahrung im Neukundenvertrieb hat, lassen sich aus dem Lebenslauf Indizien herauslesen, die für die Eignung zu einem Neukundenvertriebler sprechen. Dies ist insbesondere bei der Rekrutierung von Berufseinsteigern und Absolventen wichtig:

- Der Lebenslauf ist klar strukturiert, konzentriert sich auf Wesentliches und ist maximal zwei Seiten lang.
- Der Lebenslauf beschreibt mehr die Ergebnisse und Verantwortungen und weniger die Inhalte von bisherigen Tätigkeiten. (Beispiele für ergebnisorientierte Aussagen: „ich war verantwortlich für die Gästezufriedenheit beim XXX-Event" oder „ich habe 50 Neumitglieder für ein Fitness Center in der Fußgängerzone angeworben". Beispiele für tätigkeitsbezogene Aussagen wären in diesen Fällen: „ich war in der Gästebetreuung des XXX-Events tätig" oder „ich habe in der Kundengewinnung für ein Fitness Center gearbeitet")
- Der Bewerber hat Auslandserfahrung in anderen Kulturkreisen.
- Der Bewerber spricht mehr als drei Fremdsprachen.
- Der Bewerber hat bereits Tätigkeiten ausgeführt, bei denen es um die Überzeugung von Menschen ging oder bei denen er mit vielen neuen Kontakten zu tun hatte.
- Der Bewerber hat Außerordentliches erreicht, zum Beispiel im Sport, in der Kultur usw.
- Der Bewerber hat eine Vielzahl unterschiedlichster Hobbies.

⚠ Praxistipp

Hat ein Bewerber zwar einen interessanten Lebenslauf, verfügt aber noch nicht über tatsächliche Neukundenerfahrung, schalten Sie ein kurzes Telefongespräch vor das erste Vorstellungsgespräch. Klären Sie in diesem Gespräch über einen Sell-Out (Achtung: vorher und nachher bitte den Sell-In nicht vergessen), ob er wirklich in den Neukundenvertrieb will. Hierzu können Sie ihn dahingehend befragen, welchen Job er wählen würde, wenn er die Wahl hätte: Neukundenvertrieb oder Kundenentwicklung. Lassen Sie sich die Position erklären. Antwortet der Befragte, dass ihm am liebsten eine Kombination wäre, was die wahrscheinlichste Antwort ist, befragen Sie ihn, wie viel Neukundenanteil er maximal haben möchte.

 Übung

Überlegen Sie sich, wie Sie den hier aufgezeigten Sell-Out in Sell-Ins einbetten können.

Fehlen Ihnen Informationen im Lebenslauf oder sind Ihnen Informationen unklar, notieren Sie sich die Punkte für ein späteres Vorstellungsgespräch. Wichtig: schreiben Sie sich auch die Antwort auf, die Sie erwarten würden und welche Antwort ein K.O.-Kriterium wäre.

? Frage

Wie erkenne ich einen Kundenentwickler am Lebenslauf?

Zunächst natürlich ebenfalls an der bisherigen Erfahrung, wenn der Bewerber bereits über Berufserfahrung verfügt.
Achten Sie dabei als erstes darauf, ob der Kandidat in den bisherigen Tätigkeiten in der Kundenentwicklung war. Ebenfalls interessant sind hier aber auch die Profile mit bisherigem Neukundenvertrieb, da die Kundenentwicklung oft eine logische Weiterentwicklung darstellt. Generell sprechen wir bei einer jährlichen Umsatzsteigerung mit Bestandskunden von über 30 % von der Kundenentwicklung. Wichtig bei der Beurteilung des Grundprofils an den bisherigen Erfahrung ist, dass der Aufbau von Beziehungen zum Kunden auf der taktischen und strategischen Ebene zu den Aufgaben gehört hat.
Positiven Einfluss auf die Beurteilung eines Lebenslaufes im Hinblick auf Kundenentwicklung bei den bisherigen Tätigkeiten haben:

- Teilnahme an Jahresgesprächen
- Erstellen von Budget- und Jahresplanung
- Teilnahme oder Vorträge auf Kongressen etc.
- Verantwortlichkeit innerhalb des eigenen Unternehmens für Know-how und strategische Themen

Unabhängig davon, ob der Bewerber bereits über Berufserfahrung verfügt, sprechen folgende Punkte im Lebenslauf für die Eignung als Kundenentwickler:

- Der Lebenslauf listet unabhängig von der chronologischen Aufzählung Ziele und Kompetenzen auf.
- Der Bewerber ist ehrenamtlich für Vereine u. ä. tätig.
- Der Bewerber verfügt zusätzlich zu seinem Vertriebs-Know-how über tiefer gehende Kenntnis in einem anderen Sachgebiet.
- Der Lebenslauf weist eine hohe Konstanz auf.

? Frage

Wie erkenne ich einen Kundenbetreuer am Lebenslauf?

Wie bei den beiden vorangegangenen Profilen erkennen Sie ihn zunächst an der bisherigen Berufserfahrung.
Unabhängig von der bisherigen Tätigkeit sprechen z. B. folgende Punkte im Lebenslauf für die Eignung als Kundenbetreuer:

- Der Lebenslauf weist eine große Konstanz auf.
- Der Kandidat konzentriert sich auf wenige Hobbies außerhalb der Arbeit.
- Der Lebenslauf hat einen hohen Detaillierungsgrad.
- Der Lebenslauf ist im Standardformat geschrieben.

Notizen

Auswahlkriterien für die Beurteilung von Vorstellungsgesprächen

Im Vorstellungsgespräch müssen Sie folgende Punkte beurteilen, um entscheiden zu können, ob der Bewerber zu Ihnen passt.

- Was will der Kandidat?
- Was kann der Kandidat?
- Ist der Kandidat führbar?
- Passt der Kandidat ins Team?

Ob Sie eine, zwei oder drei Vorstellungsrunden drehen, hat keinen großen Einfluss auf die Qualität der Auswahl. Jedoch ist es sinnvoll, mindestens zwei Vorstellungsrunden zu machen, um die Entwicklung zwischen den beiden Gesprächen verfolgen zu können. So können Sie überprüfen, wie der Kandidat Informationen aufnimmt und verarbeitet. Meist sind Kandidaten im zweiten Gespräch auch sicherer und fallen dadurch mehr und mehr in ihr natürliches Verhalten.

? Frage

Wie erkenne ich im Gespräch, was der Kandidat will?

Der einfachste Weg hierzu ist die offene Frage. Lassen Sie den Kandidaten frei erzählen. Unbewusst wird der Kandidat die ihm wichtigen Punkte zuerst nennen. Lassen Sie sich beschreiben, was der Kandidat im nächsten Job sucht. Lassen Sie sich auch erklären, was er nicht will.

Wenn Sie ein erstes Bild erhalten haben, zeigen Sie ihm die wichtigsten Punkte des Jobs, der Firma und der Rahmenbedingungen auf, die Sie ihm bieten können. Lassen Sie sich jetzt von ihm erklären, warum er den Job will, in welchen Punkten seine Erwartungen erfüllt sind und in welchen Punkten er nicht sicher ist, ob es passt.

Vergleichen Sie seine Aussage mit Ihrer eigenen Meinung. In welchen Punkten hätten Sie gedacht, dass der Kandidat noch Zweifel hat, ob der Job der richtige ist? Haben Sie die gleiche Sicht wie der Kandidat? Wenn nicht – besprechen Sie es mit ihm.

❓ Frage

Wie erkenne ich im Gespräch, ob der Kandidat die Anforderungen erfüllt?

Nachdem der Kandidat jetzt weiß, welche Tätigkeiten und Verantwortungen der Job beinhaltet, lassen Sie sich von ihm erklären, welche Fach- und Verhaltensmerkmale er mitbringt, um den Job erfolgreich auszufüllen. In welchen Punkten sieht er seinen Entwicklungsbedarf?
Gleichen Sie seine Aussagen mit Ihren Anforderungen an den Job ab. Haben Sie das gleiche Verständnis wie der Kandidat? Wenn nicht, besprechen Sie es! Lassen Sie sich jetzt vom Kandidaten für Ihre 20%-Kriterien Beispiele geben, mit denen er Sie überzeugt, dass er der Richtige ist. Vergleichen Sie Ihre Erwartungshaltung mit seinen Aussagen und gleichen Sie eventuelle Unterschiede mit ihm ab.

❓ Frage

Wie erkenne ich, ob ein Kandidat führbar ist?

Die Führbarkeit eines Mitarbeiters liegt in erster Linie an einem einheitlichen Verständnis zwischen Mitarbeiter und Führungskraft über:

- Ziele
- Regeln und Werte
- Meilensteine in den Vorgehensweisen

Gleichen Sie diese im Gespräch mit dem Kandidaten ab. Achten Sie dabei auch wieder darauf, dass zunächst der Bewerber seine Sicht auf die Punkte gibt, bevor Sie mit ihm darüber reden, was ihn erwartet. Achten Sie darauf, dass Sie nicht beschönigen und ehrlich mit sich und dem Kandidaten sind. Fehler bei der Auswahl in diesem Punkt führen zwangsläufig ins „Aus".

Der zweite Eckpfeiler der Führbarkeit ist eine einheitliche Erwartung an die Rolle der Führungskraft. Klären Sie, was der Bewerber von einer Führungskraft erwartet, in welchen Situationen er alleine gelassen werden und wann er Unterstützung will. Beschreiben Sie ihm, wie er geführt werden wird. Konzentrieren Sie sich dabei auf zwei Situationen:

- Situationen, in denen alles „nach Plan" läuft
- Situationen, in den die Führungskraft korrigierend eingreifen muss

? | Frage

Wie erkenne ich, ob ein Bewerber ins Team passt?

Bei der Team- bzw. Gruppen-Kompatibilität geht es letztendlich um zwei Dinge:

1) Der neue Mitarbeiter muss sich mit dem Team „vertragen" können. Das liegt wiederum sehr stark an den gleichen Zielen und Werten – ähnlich wie mit der Führungskraft. Wichtig ist, dass man sich gegenseitig unterstützt und hilft und auch Spaß miteinander haben soll. Beste Freunde müssen aber nicht alle im Team sein. Gerade im Vertrieb und hier speziell im Neukundenvertrieb haben Sie es mit starken Persönlichkeiten zu tun, die ihren eigenen Kopf haben können und wollen.

2) Der Bewerber muss von seinem Team-Rollenverständnis ins Team passen. Das hier zu beleuchten, würde zu weit führen und ist eher ein Thema der Teamentwicklung.

Zusätzlich bzw. abschließend können Sie den Bewerber noch mit dem Team zusammenbringen und dann auf Ihren Bauch hören.

? Frage

Wann rede ich mit dem Bewerber übers Gehalt?

Diese Frage wird immer wieder gestellt. Die gängige Praxis ist, erst kurz vor der finalen Entscheidung übers Gehalt zu sprechen. Letztendlich soll der Job motivieren und nicht das Geld.

Ich sehe das sehr kritisch und empfehle immer, bereits sehr früh über das Gehalt zu sprechen.

Zum einen ist für mindestens zwei der Grundprofile die verdienbare Höhe des Gehalts ein wichtiger, wenn nicht der wichtigste Motivationsfaktor. Zum anderen stellt das Gehaltssystem im Vertrieb einen zentralen Motivationsfaktor (oder eben Demotivationsfaktor) dar und ist eher ein K.O.-Kriterium, das frühzeitig geklärt werden sollte.

Bewährt bei der Rekrutierung im Vertrieb hat sich folgende Vorgehensweise: Klären Sie die Größenordnung des Gehalts und eventuelle Paketbestandteile wie Auto etc. sehr früh im Prozess, am besten wenn Sie den Bewerber nach seinem Wunschjob befragen. Liegt die Größenordnung im richtigen Bereich, wird es nicht mehr zu einem Scheitern wegen der Gehaltshöhe kommen.

Das Gehaltssystem, also wie sich Fix und Variabel aufteilen und wie sich die Provision bzw. der Bonus berechnen, gehört im weitesten Sinne ins Führungsmodell und sollte daher dann besprochen werden, wenn Sie die Führbarkeit des Bewerbers beurteilen wollen.

Die Einzelheiten und konkreten Zahlen klären Sie dann bei der Vertragsverhandlung.

? Frage

Wann soll ich den Vertrag besprechen?

Die Beantwortung der Frage richtet sich nach den Grundprofilen im Vertrieb und den jeweiligen Erwartungshaltungen an die Geschwindigkeit der Entscheidung nach dem letzten Gespräch.

Das heißt, für Neukundenvertriebler und Kundenentwickler müssen Sie einen Prozess einrichten, der nach dem letzten Vorstellungsgespräch eine schnelle Vertragsunterschrift ermöglicht.

Bewährt haben sich hier zwei Vorgehensweisen:

1) Sofern dem Bewerber ein Angebot unterbreitet werden soll, wird dem Kandidaten ein Blankovertrag als Muster zugeschickt, ggfs. ein fertiger Vertrag. Diesen kann der Bewerber durchlesen und kommt am Folgetag zur Vertragsunterschrift noch einmal zu Ihnen. Hier können Fragen und Änderungswünsche besprochen und evtl. Änderungen direkt in den Vertrag eingebaut werden. Der Vertrag wird direkt vor Ort unterschrieben. Wichtig ist, dass bei dem Unterschriftstermin auch von Ihrer Seite eine entscheidungsbefugte Person anwesend sein muss, die Änderungen in den Vertrag einbauen kann. Sowohl Neukundenvertriebler als auch Kundenentwickler haben mit schnellen Entscheidungen kein Problem, sodass es kein Problem darstellen dürfte, wenn direkt bei diesem Termin die Änderungen besprochen und unterschrieben werden.

2) Schicken Sie vor dem abschließenden Vorstellungstermin dem Bewerber ein Vertragsmuster zu, das er sich in Vorbereitung zum Vorstellungstermin durchlesen kann (Wichtig: machen Sie deutlich, dass es sich um ein Muster und NICHT um ein Angebot handelt). Beim letzten Vorstellungstermin besprechen Sie den Vertrag und evtl. Änderungen, sodass ein eventuelles Angebot dann auf dieser Grundlage erfolgen kann. Nutzen Sie diese Gelegenheit gleich, die Verhandlungskompetenz Ihres Bewerbers live zu erleben.

Kundenbetreuer benötigen für Ihre Entscheidungen mehr Zeit. Daher ist es hier sinnvoll, den Vertrag als Angebot zu verschicken und dann in ein, zwei oder mehreren Telefonrunden den endgültigen Vertrag auszuarbeiten.

✎ Notizen

Sonderthema: Auswahl von Berufseinsteigern für Vertriebspositionen

Die Besonderheit bei der Einstellung von Berufseinsteigern für den Vertrieb liegt in der Tatsache, dass es keine Ausbildung und keinen Studiengang „Vertrieb" gibt. Zudem ist der Vertrieb weder eine Wissenschaft mit harten Kriterien noch gibt es den EINEN richtigen Weg im Vertrieb, den man erlernen könnte.

Vertrieb und insbesondere das Verkaufen von Mensch zu Mensch beruht zwar auf Grundregeln und theoretischem Wissen über Kommunikation. Diese und vor allem deren Umsetzung und Anwendung bei Berufseinsteigern abzufragen, ist jedoch nicht sinnvoll möglich.

Da man die Auswahl hier auch nicht auf Referenzen, Erfahrungen und vergangene Erfolge beziehen kann, bleibt die Konzentration auf

- die Ziele des Kandidaten,
- die Werte des Kandidaten,
- das Verhalten des Kandidaten
- und natürlich auch auf Erfahrungen, über die Analogien gezogen werden können.

Wie schon in den vorangegangenen Kapiteln dargestellt, ist ein entscheidender Erfolgsfaktor im Vertrieb der Spaß an der Aufgabe. Ihre Verantwortung bei der Auswahl von Absolventen für den Vertrieb ist es, sicher zu stellen, dass der zukünftige Job dem Absolventen Spaß machen wird. Gelingt Ihnen das, hat die Rekrutierung große Chancen auf Erfolg.

Damit die Aufgabe Spaß macht, müssen zwei Dinge gegeben sein. Die Aufgabe muss Spaß machen und die Führung und Misserfolge, die im Vertrieb zur Aufgabe dazugehören, dürfen den Spaß nicht mindern. Und vor allem muss der Absolvent seine Erwartungen an den Job und die Ziele, die er damit verfolgt, erfüllt bekommen.

Daraus leitet sich folgende Vorgehensweise zur Beurteilung des verkäuferischen Grundpotenzials ab.

1) Verstehen Sie zunächst, warum der Bewerber einen Vertriebsjob sucht. Nur der Wunsch, gerne mit Menschen zu tun zu haben, und gut kommunizieren zu können, ist zwar eine Grundvoraussetzung im Vertrieb, reicht aber nicht aus, um ein erfolgreicher Vertriebler zu werden. Je nach Vertriebspotenzial wollen erfolgreiche Vertriebler

   - ihren Erfolg selbst bestimmen können (Neukunden und Kundenentwicklung),
   - etwas bewegen können (Neukunden und Kundenentwickler),
   - etwas gestalten können (Kundenentwickler),
   - am Abend nach Hause gehen können und wissen, was man getan hat (Neukunden) oder
   - dafür sorgen, dass die Kunden zufrieden sind (Kundenbetreuer).

2) Hat der Bewerber eine dieser Grundmotivationen, kann ein Vertriebsjob für ihn das Richtige sein. Wichtig ist dann, dass er die richtige Vorstellung und Erwartung an die täglichen, operativen Aufgaben in einem Vertriebsjob hat. Lassen Sie sich von ihm erklären, wie er sich den Job vorstellt. Je nach Grundprofil sollten folgende Aussagen enthalten sein.

Neukundenvertrieb:
   - „Ein großer Teil meiner Arbeit ist, am Telefon oder beim Kunden vor Ort das eigene Unternehmen vorzustellen."
   - „Ich muss strukturiert und diszipliniert Neukunden- und Besuchslisten abarbeiten."
   - „Ich werde bei den Kundenansprachen häufig auf Ablehnung stoßen."
   - „Auch wenn der Kunde mich zunächst ablehnt, muss ich am Kunden dranbleiben und Überzeugungsarbeit leisten."
   - „Ich werde lange Durststrecken durchlaufen."

Kundenentwicklung:

- „Ich werde mit Kunden über deren Pläne und Ziele reden."
- „Ich werde der erste Ansprechpartner für Probleme sein und Lösungen finden müssen."
- „Ich entwickle für meine Unternehmen Kundenstrategien und setze diese um."
- „Ich werde meine Netzwerke aufbauen."
- „Ich werde Rahmenverhandlungen führen."

Kundenbetreuung:

- „Meine Tage werden häufig gleich ablaufen."
- „Ich werde viele standardisierte Aufgaben für den Kunden erledigen."
- „Ich werde Probleme des Kunden lösen."
- „Ich werde oft der Prellbock für den Ärger des Kunden sein."
- „Ich werde Angebots- und Preisverhandlungen führen."
- „Ich bearbeite Kundenanfragen."

Sind folgende Aussagen für den Bewerber von hoher Wichtigkeit bei der Beschreibung eines Vertriebsjobs, müssen Sie zunächst die Erwartungen an den Job abgleichen:

- „Ich bin dazu da, die Wünsche der Kunden zu erfüllen."
  → Hier müssen Sie dem Kandidaten klar machen, dass es nicht immer nur darum gehen wird, die Meinung des Kunden zu akzeptieren. Vertrieb hat viel damit zu tun bei unterschiedlichen Meinungen seine eigene Meinung durchzusetzen und den Kunden von dieser zu überzeugen.
- „Ich kann endlich meine Argumentations- und Kommunikationskompetenz nutzen, ich finde es spannend mit unterschiedlichsten Menschen zu tun zu haben."
  → Hier müssen Sie dem Bewerber deutlich aufzeigen, dass Kommunikation für einen Vertriebler zwar wichtig ist, dass es

aber vor allem auch die Faktoren Disziplin, Ehrgeiz, Fleiß und Selbstmotivation sind, die einen Vertriebler erfolgreich machen. Viele Bewerber, die den Schwerpunkt im Vertrieb in der Kommunikation sehen, sind von der hohen Bedeutung eines guten Zeit- und Selbstmanagements oft überrascht und scheitern letztendlich daran.

Unabhängig davon, welche Erwartungen der Bewerber hat, zeigen Sie ihm deutlich auf, welche Erwartungen Sie an die täglichen Arbeiten eines Vertriebsmitarbeiters haben. Zeigen Sie ihm auf, wo die wichtigen Punkte liegen und in welchen Punkten er auf dem falschen Weg ist. Wichtig ist hier, dem Bewerber bildlich und konkret an Beispielen zu zeigen, wie der Tagesablauf aussehen wird. Sagen Sie ihm zum Beispiel nicht nur: „Sie werden viel telefonieren." Zeigen Sie ihm auf, was das bedeutet.

„Sie werden viel telefonieren, das bedeutet:

- Sie werden am Abend die Telefonliste für den nächsten Tag schreiben. Da Sie im Schnitt zehn neue Kunden anrufen werden, müssen Sie mindestens 20 potenzielle Kundennamen auf der Liste haben, denn die Hälfte werden Sie nicht erreichen, da diese im Urlaub oder in Besprechungen sein werden.
- Wenn Sie morgens ins Büro kommen, wird die beste Telefonzeit sein. Deswegen versuchen Sie zunächst einmal alle Namen auf der Liste zu erreichen. Erst dann machen Sie sich den ersten Kaffee des Tages …"

3) Wenn Sie dem Bewerber so deutlich und bildlich zeigen, was es **konkret im Tagesablauf** bedeutet, den Job zu machen, werden sich auf Seiten des Bewerbers schnell viele neue Gesichtspunkte und Fragen ergeben (zum Beispiel: Wie komme ich eigentlich jeden Tag an 20 Namen, die ich anrufen kann?). So werden Sie ein gutes und für den Bewerber hilfreiches und interessantes Gespräch führen können. Stimmen die o. a. Grundvoraussetzungen, müssen Sie nun überprüfen,

ob der Bewerber das Potenzial besitzt, erfolgreich mit Kunden zu kommunizieren. Am besten eigenen sich hierfür Rollenspiele (vgl. Seite 166) – spielen Sie ein oder zwei typische Kundensituationen mit ihm durch, er spielt dabei den Verkäufer. Dabei geht es zum einen darum zu sehen, wie er „natürlich" mit dem Kunden reden wird. Wichtiger ist aber, ob er den Input, den er von Ihnen nach dem Rollenspiel bekommt, richtig umsetzen kann. Denn schließlich muss er ja das Verkaufen erst noch lernen – Sie stellen „nur" das Potenzial ein. Insofern ist entscheidend, ob er „Umsetzungskompetenz" im Hinblick auf Kommunikation mit Kunden besitzt, das heißt, er kann Dinge, die man ihm sagt, auffassen und umsetzen oder er kann Dinge, die man ihm vormacht, einfach nachmachen. Das wird entscheidend sein, damit er das Verkaufen lernen kann.

Geben Sie dem Bewerber deswegen nach dem ersten Rollenspiel konkretes Feedback, was er anders machen soll, machen Sie es ihm eventuell sogar vor – und spielen Sie dann das gleiche Rollenspiel noch einmal. Beobachten Sie, wie er mit dem Feedback umgeht, versucht er zu verstehen oder versucht er sein Verhalten zu rechtfertigen? Kann er das Feedback umsetzen?

4) Als letzten Punkt erklären Sie ihm, wie die tägliche Führung aussehen wird, die er erhält, und in welchen Punkten er im täglichen Leben Frustrationen erleiden wird und wie er damit umgehen kann. Achten Sie auch hier darauf, dass Sie zunächst seine Vorstellungen abfragen, bevor Sie dem Bewerber Informationen geben.

! Praxistipp

Erwarten Sie nicht bei einem Berufseinsteiger alle Elemente eines Vertrieblers zu sehen. Auch ist es nicht schlimm, wenn Bewerber zunächst die falsche Vorstellung vom Vertrieb haben. Woher soll die richtige auch kommen? Wichtig ist, dass die Motivation für den Vertrieb passt, denn diese werden Sie nicht ändern können. Wenn dann noch der Bewerber in der Lage ist, Input und Feedback konstruktiv aufzunehmen und umzusetzen, hat die Einstellung gute Aussichten auf Erfolg. Nutzen Sie zur Beurteilung des Potenzials Verhaltensprofilanalysen – sie geben ein sehr genaues Bild des zu erwartenden Verhaltens wieder.

! Praxistipp

Sprechen Sie mit den erfolgreichsten Vertrieblern in Ihrem Unternehmen. Wie sahen deren Lebensläufe aus, als Sie mit dem Berufsleben begonnen haben? Woran konnte man damals schon erkennen, dass sie gute Vertriebler werden? Erinnern sich Ihre Kollegen noch daran, warum sie in den Vertrieb gegangen sind und was die Vorstellungen von Vertrieb waren? Nutzen Sie dieses Wissen für die Einstellung von Berufseinsteigern und lassen Sie im Auswahlprozess Ihre erfolgreichen Vertriebler den Bewerbern IHRE Geschichte erzählen.

 **Checkliste**

Hinweise für das Erkennen der Vertriebsprofile im Lebenslauf

Neukundenvertrieb	Kundenentwicklung	Kundenbetreuung

Positive Kriterien, alle Bewerber

erfolgreicher Sportler in Einzeldisziplinen	erfolgreicher Sportler in Teamdisziplinen	hohe Konstanz im Lebenslauf erkennbar
Vereinstätigkeit als Trainer	Vereinstätigkeit als Vorstand	Vereinstätigkeit als Kassenwart
Angabe von Verkaufserfolgen, Umsatzzielen etc. im Lebenslauf	Angabe von beruflichen Zielen, Stärken und Referenzen	Beschreibung der bisherigen Aufgaben und Unternehmen
unterschiedliche Hobbies	unterschiedliche Hobbies	einheitliche Hobbies
internationale Erfahrung	Mitgliedschaft in Organisationen und Netzwerken	Mitgliedschaft in Fachverbänden

Positive Kriterien, Berufseinsteiger

Ferienjobs als Promoter oder Mitarbeit bei Umfragen etc.	Nebentätigkeit in Vereinen und Organisationen	Ferienjob in Verwaltung und Sachbearbeitung
tendenziell kurze Ausbildung	Marketing- oder Wirtschaftsausbildung	fachlich orientierte Ausbildung
Auslandsaufenthalt bzw. längere Reisen	Auslandsaufenthalt bzw. längere Reisen	gute Noten

Positive Kriterien, erfahrener Bewerber (Muss-Kriterien)

Akquisitionstraining	aktives Netzwerk ist vorhanden	fachliche Fortbildungen
Richtige Position in der Job/Skill-Matrix (vgl. S. 114)	Branchenerfahrung	Erfahrung in der Aufgabe
Erfahrung im Neukundenvertrieb	Erfahrung in Kundenentwicklung/Neukundenvertrieb	Erfahrung in Kundenbetreuung oder Kundenentwicklung
verbleibt 2–3 Jahre in der gleichen Firma	verbleibt mindestens 3–5 Jahre in der gleichen Firma	wenig Wechsel im Lebenslauf

ACHTUNG: Die Kriterien sind Hinweise, die eine Richtung geben können – keine harten Auswahlkriterien! Achten Sie darauf, dass möglichst viele dieser oder ähnlicher Kriterien erfüllt sind.

Checkliste

Fachliche Auswahlkriterien

Verkaufserfahrung	Branchenerfahrung	sonstige fachliche Kriterien
Anteil des Neuumsatzes am Gesamtumsatz	Know-how im Bereich der Produkte	Fremdsprachen-kenntnisse
Anteil Neukunden an Gesamtkunden	Know-how über Kunden und Unternehmen	
Dauer Verkaufszyklus von Erstansprache bis Abschluss	Verständnis für die Entscheidungsstrukturen der Kunden	Kenntnisse in CRM und ähnlichen Tools
Anteil Direktansprache über Telefon	Verständnis für die Markterfordernisse aus Kundensicht	
Anteil Kundengewinnung über Messen u. ä.	Genaue Kenntnis der Wettbewerbssituation	Ausbildung
Innendienstanteil in %	Aktives Netzwerk zu Entscheidern bei Kunden	
Ansprechpartner-struktur beim Kunden	Bewerber ist bei Kunden bekannt und genießt Vertrauen	Besondere Befähigungsnachweise
Anzahl Aufträge im Monat	Bewerber spricht die Fachsprache	
Durchschnittliches Auftragsvolumen	Bewerber hat selbst in der Branche als „Kunde" gearbeitet	Kenntnisse und Erfahrung in anderen Berufsgruppen
Wettbewerbssituation	Bewerber hat früher bei einem Wettbewerber gearbeitet	
Anzahl relevante Verkaufserfahrung in Jahren	Anzahl Arbeitgeber der Branche in den letzten Jahren	branchen- und aufgabenrelevante Kenntnisse und Erfahrungen aus Hobbies
Anzahl Berufserfahrung in Jahren	Anzahl Branchen-erfahrung in Jahren	

 **Checkliste**

Beispiele zum Beschreiben von Verhaltenskriterien

Frage an Bewerber	Vertriebstyp	Erwartete Verhalten
Wie gehen Sie vor, um neue Ansprechpartner bzw. Firmen zu identifizieren?	Neukundenvertrieb	Der Kandidat sucht sich über Branchenbücher o. ä. Zielfirmen heraus. An der Zentrale fragt er sich zu den Entscheidern durch.
	Kundenentwicklung	Der Kandidat wird sich über das Internet über Unternehmen informieren und über Netzwerkplattformen die richtigen Ansprechpartner identifizieren. Diese ruft er dann entweder an oder schreibt sie über die Netzwerkplattform an.
	Kundenbetreuung	Der Kandidat wird wenig eigene Initiative zum Identifizieren von Ansprechpartnern entwickeln. Er verlässt sich auf das CRM oder andere Adressdatenbanken.
Ein Kunde lehnt Ihren Preis ab. Wie reagieren Sie?	Neukundenvertrieb – hohe Dominanz	Der Kandidat wird zunächst versuchen zu verstehen, ob der Kunden bei dem Preis wirklich nicht kauft. Wenn es so ist, wird er zunächst versuchen außerhalb des Preises zu verkaufen und erst als letztes Mittel im Preis nachgeben.
	Neukundenvertrieb – beratend	Der Kandidat wird versuchen, den Preis zu argumentieren und wenn das nicht gelingt, im Preis nachlassen.
	Kundenentwickler	Der Kundenentwickler wird fragen, bei welchem Preis der Kunde kaufen würde und wird ggfs. mit etwas Zögern auf den Preis eingehen.
	Kundenbetreuer	Der Kundenbetreuer nimmt die Position des Kunden auf und klärt das Thema mit einem Vorgesetzten.
Sie sind kurz vor Jahresabschluss. Ihr wichtigster Kunde kündigt alle Verträge, sodass Sie das Jahresziel nicht mehr erreichen können. Wie reagieren Sie?	Beispiel für individuelle Erwartungshaltung	Der Bewerber konzentriert sich sofort auf Neukundengewinnung. Gleichzeitig analysiert er, warum der Kunde die Verträge kündigt, um solche Situationen in Zukunft früher zu erkennen und zu vermeiden.

Diese Situationen und erwartete Verhaltensweisen sind nur Beispiele und können je nach Umfeld individuell gestaltet sein. Wichtig ist, dass Sie eine klare Erwartungshaltung in das Verhalten beschreibend definieren.

 Checkliste

Verhaltenskriterien mittels Analogien klären

Neukundenvertrieb

Zielorientierung/Biss	Erfolg in einer Einzelsportart, Projekte erfolgreich abgeschlossen
Hartnäckigkeit	erfolgreicher Abschluss eines Studiums, Auslandsaufenthalt, Ausdauersport, Promotion-Tätigkeit
Flexibilität	Auslandsaufenthalt, Individualreisen, viele Hobbies
Durchsetzungsvermögen	Pokale, Ehrungen, Auszeichnungen

Kundenentwicklung

Beziehungsmanagement	Vereinsaktivität, Mitglied in Studentenorganisationen, aktiv in Parteien, Titel, Erfolge in Mannschaftssportarten
Kommunikationsstärke	Ferienjobs in der Gastronomie
Überzeugungskraft	Promoter, Trainertätigkeit im Sport, Nachhilfelehrer, gibt Kurse jeder Art
Vorstellungskraft	vielseitige Hobbies, hat Außergewöhnliches erreicht

Kundenbetreuung

Genauigkeit	gute Noten in der Schule, Weiterbildungen im Fachgebiet, Zusatzqualifikationen
Konstanz	stringenter Werdegang, begrenzte Hobbies, Expertenstatus
Einfühlungsvermögen	Leiten von Jugendgruppen, Mitglied bei Pfadfindern, gemeinnützige Tätigkeiten
Struktur	Hobby: Brett- und Strategiespiele, technische Hobbies

 **Checkliste**

Auswahl von Absolventen für den Vertrieb, Schritt 1

Neukundenvertrieb	Kundenentwicklung	Kundenbetreuung

Markieren Sie bei den folgenden beiden Fragen die Antworten, die auf Ihren Bewerber zutreffen.

Warum will der Kandidat in den Vertrieb?

Erfolg haben		mit Menschen zu tun haben
den Erfolg selbst bestimmen können		Fachkenntnis einsetzen
viel Geld verdienen		Koordinieren und Fäden in der Hand halten
etwas bewegen können		den Kunden zufrieden stellen
am Abend wissen, was man getan hat		dem Kunden Qualität liefern

Wie stellt sich der Kandidat Vertrieb vor?

Ich werde viel telefonieren.	Ich werde Pläne entwickeln.	Ich werde Probleme lösen.
Ich werde viel unterwegs sein.	Ich werde über Kunden recherchieren.	Ich werde Anfragen bearbeiten.
Ich werde oft NEIN hören.	Ich werde Netzwerke stricken.	Ich werde Preise verhandeln.
	Ich werde Verträge verhandeln.	Ich erstelle Angebote.

Können Sie bei jeder Frage mindestens drei Antworten ankreuzen? Wenn ja, gibt es Grundmotivationen, die wichtig für den Vertrieb sind, und der Kandidat kann Spaß am Verkaufen haben. Wie stellt sich das Bild dar? Sind die Markierungen vornehmlich auf einer Seite oder ist es ein ausgeglichenes Bild? Über die Verteilung der Markierungen erhalten Sie einen Eindruck, welches Vertriebsprofil passen kann.

✓ Checkliste

Auswahl von Absolventen für den Vertrieb, Schritt 2

Gleichen Sie nun Ihre Erwartungen mit denen des Kandidaten ab:

Unsere Erwartungen an den Kandidaten:	**Erwartungen, von denen der Kandidat denkt, dass wir sie an ihn haben:**
_____	_____
_____	_____
_____	_____

Stimmen die Erwartungen überein?	ja	nein

Wenn nein: Können die Erwartungen angepasst werden?	ja	nein

Bewertung Rollenspiel

stellt Fragen	ja	nein
Selbstbewusstsein	ja	nein
roter Faden im Gespräch	ja	nein
nimmt Feedback konstruktiv	ja	nein

WICHTIG: Verwenden Sie diesen Analysebogen zusätzlich zu den normalen Frage- und Bewertungsbögen.

✎ Notizen

Methoden der Mitarbeiterauswahl bei der Vertriebsrekrutierung

Bevor Sie dieses Kapitel lesen, nehmen Sie sich bitte einige Minuten Zeit, um folgende Fragen zu beantworten:

Welche Gedanken hat ein Bewerber über ein Unternehmen, wenn er den Eindruck gewinnt, der Auswahlprozess verläuft unprofessionell und schlecht koordiniert?

_____

_____

_____

Welche der folgenden Aussagen ist Ihrer Meinung nach richtig?
- ☐ „Der Bewerber hat sich auf den Auswahlprozess des Unternehmens einzustellen." oder
- ☐ „Das Unternehmen muss seinen Auswahlprozess auf die zu erwartenden Bewerber einstellen."

Nach einer Studie sind mindestens 20 % aller Vertriebler mit den Auswahlprozessen der einstellenden Unternehmen nicht zufrieden. Lohnt es sich wegen 20 % die Prozesse zu verändern?
- ☐ Ja
- ☐ nein

Woran liegt es Ihrer Meinung nach, dass mindestens 20 % der Bewerber mit den Prozessen nicht zufrieden sind?

_____

_____

_____

Wenn Sie die Auswahlkriterien definiert haben und Ihre Erwartungshaltung kennen, geht es an die eigentliche Rekrutierung. Dabei stehen Ihnen unterschiedliche Auswahlmethoden zur Verfügung.

Das Bewerbungsgespräch

Zunächst folgt ein Bewerbungsgespräch auch im Vertrieb den allgemeinen Regeln der Gesprächsführung. Insbesondere sollten Sie den klassischen Gesprächstrichter konsequent anwenden:

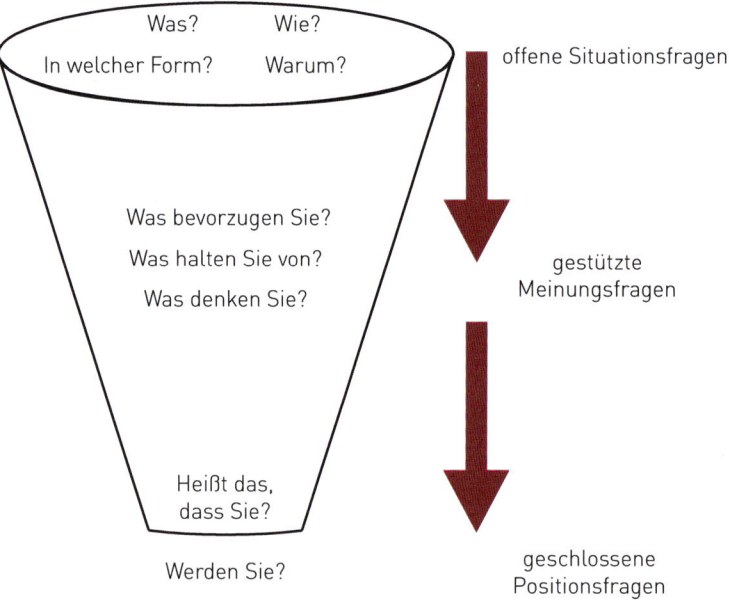

Die Umsetzung auf ein Bewerbungsgespräch im Vertrieb führt zu folgendem grundsätzlichen Gesprächsaufbau:

Begrüßung	Begrüßung Festlegen des Gesprächsablaufes und der ungefähren Dauer Vorstellen der Gesprächsteilnehmer
Erwartungshaltung des Kandidaten	Unabhängig vom Zeitpunkt des Gespräches im Gesamtprozess klären Sie hier die Meinung, den Standpunkt oder die Erwartungshaltung des Kandidaten zu dem jeweiligen Thema (zum Beispiel, was ist sein Idealjob, warum ist er für den Job geeignet, welche Erwartungen hat er an die Führung). Stellen Sie vor allem offene Fragen!
Besprechen des Themas am Lebenslauf	Nach der offenen Fragerunde konkretisieren Sie das Thema jetzt, indem Sie gezielte Fragen anhand des Lebenslaufs stellen, die das jeweilige Thema betreffen. Die Themen orientieren sich an den Auswahlkriterien jeweils entsprechend der Phase im Auswahlprozess:

- grundsätzliche Erwartungshaltung an den nächsten Job
- der Job bei Ihnen im Unternehmen und die Eignung des Kandidaten
- Ihr Unternehmen, dessen Philosophie und Rahmenbedingungen
- die Einarbeitung und Entwicklung des Kandidaten

Darstellen Ihrer Sicht, Situation, etc.	Stellen Sie dem Bewerber jetzt dar, was Sie zu dem jeweiligen Thema erwarten oder anzubieten haben und bitten Sie ihn, Ihnen zu diesem Thema alle Fragen zu stellen, die ihn interessieren.
Abschluss und ggfs. Diskussion	Fragen Sie den Kandidaten zu dem Thema, ob er glaubt, bei Ihnen das Richtige zu finden und ob er denkt, geeignet zu sein.
	Gehen Sie zum nächsten Thema über und verfahren Sie analog.
Abschluss und Verabschiedung	Vergessen Sie den Ausblick nicht und vereinbaren Sie die Zeitplanung für die nächsten Schritte.
	Danken Sie dem Bewerber IMMER für seine Zeit und das Gespräch.

Eine wichtige Bedeutung im Vorstellungsgespräch hat der „Verkauf" des Jobs und der eigenen Firma. Gute Vertriebler sind im Markt immer „gefragt" und können sich in der Regel zwischen mehreren Jobangeboten entscheiden. Sie müssen sich um die Bewerber bemühen. Damit ein Kandidat Interesse an Ihrem Unternehmen und Ihrem Jobangebot hat, müssen Sie:

- professionelle Gespräche führen
- dem Kandidaten gegenüber Respekt zeigen und ihn ernst nehmen
- verbindlich und zuverlässig sein
- dem Kandidaten Gründe und Argumente liefern, einen Job bei Ihnen auch tatsächlich anzunehmen. Diese sollten zu seinen Wunschvorstellungen passen.

In einem Vorstellungsgespräch sind es nicht nur Sie, der auswählt und der überzeugt werden will. Auch der Kandidat muss sich zwischen allen Angeboten für Ihren Job und Ihre Firma entscheiden! Nichts ist frustrierender, als endlich den geeigneten Vertriebler gefunden haben, der dann aber ein Angebot bei Ihrem Wettbewerber annimmt.

Daher sollten Sie dem Kandidaten in den Phasen des Prozesses, wenn Sie Ihre Sicht bzw. den Job und das Unternehmen vorstellen, nicht nur die Fakten liefern, sondern ihm auch aufzeigen, warum das, was Sie anbieten, gut für ihn ist. Beziehen Sie sich dabei möglichst oft auf Punkte, die dem Kandidaten wichtig sind.

Ein Vorstellungsgespräch ist immer Auswahlgespräch und Verkaufsgespräch zugleich.

Bereiten Sie für jedes Vorstellungsgespräch einen Beurteilungsbogen vor, auf dem Sie NACH dem Gespräch die Ergebnisse festhalten. Auf dem Bogen sollten folgende Dinge notiert sein:

- Datum, Bewerber, Status im Prozess, Position
- Gesprächsteilnehmer
- besprochene Themen
- beurteilte Kriterien und Ergebnis der Beurteilung in SOLL und IST
- offene Fragen aus Ihrer Sicht nach dem Gespräch
- offene Fragen aus Kandidatensicht nach dem Gespräch
- nächste Schritte
- Informationen für eventuelle nächste Gespräche

Notizen

Der Probearbeitstag

Ein Probearbeitstag erfüllt zwei Ziele:

1) Sie lernen den Bewerber in realen Arbeitssituationen kennen und sehen, wie er sich verhält und wie er zum Team passt. Zusätzlich zu Ihrer Sicht erhalten Sie die Sicht des Teams.
2) Der Bewerber kann sich ein genaues Bild vom Job und vom Team machen.

? Frage

Wie sollte ein Probearbeitstag ablaufen?

Damit Sie und der Bewerber sich ein konkretes Bild machen können, ist es wichtig, dass der Probetag nicht nur ein Zuschauen, sondern auch ein aktives Ausprobieren von einfachen Aufgaben im Arbeitsalltag ist.

Es empfiehlt sich daher, den Bewerber an diesem Tag einem Mitarbeiter direkt zuzuordnen, mit dem er den Tag verbringt.

Zunächst erklärt der Mitarbeiter dem Bewerber, wie der Tag ablaufen wird, was er tut und worin die Herausforderungen des Tages liegen. Dabei ist darauf zu achten, dass ein möglichst repräsentativer Tag gewählt wird, damit das Bild nicht von Ausnahmen geprägt wird. Auch sollte an dem Tag der Schwerpunkt auf der Arbeit mit dem Kunden liegen. Daher eigenen sich Tage, an denen viele interne Meetings geplant sind, nicht für einen Probearbeitstag.

Danach schaut der Bewerber dem Mitarbeiter erst einmal zu, um ein Gefühl für die Situation zu bekommen. Der Bewerber stellt Fragen und lässt sich die Dinge erklären, die er wissen will.

Zuletzt erledigt er eine einfache Aufgabe selbst und erlebt so, wie es sich im tatsächlichen Job „anfühlt". Aufgaben, die sich zum Ausführen eignen, sind einfache Telefonate mit Kunden, Unterlagen erstellen oder eine E-Mail verfassen, aber auch ein Akquiseanruf bei einem unbekannten Neukunden ist spannend.

Ein Probearbeitstag muss nicht den ganzen Tag dauern. Der Bewerber sollte aber mindestens drei Stunden im Team sein, um einen guten Eindruck zu bekommen.

Zum Schluss erstellen Mitarbeiter und Bewerber einen Bericht über den Probearbeitstag mit ihren Eindrücken, der dann im Abschlussgespräch mit einem Vorgesetzten am Ende des Probearbeitens besprochen wird.

? Frage

Für wen eignet sich ein Probearbeitstag und wann sollte ich ihn machen?

Für erfahrene Bewerber ist ein Probetag sicher nicht geeignet. Der Probearbeitstag eignet sich immer dann, wenn die Position viele neue Aufgaben und Verantwortlichkeiten für den Bewerber beinhaltet. Insbesondere bei der Rekrutierung von Absolventen und Berufseinsteigern ist er sehr sinnvoll. Auch bei Positionen, in denen eine enge Zusammenarbeit mit dem Team oder mit einzelnen Mitarbeitern notwendig ist, ergibt es Sinn, dass sich alle beim Probearbeiten in möglichst realer Umgebung kennenlernen.

Der richtige Zeitpunkt ist möglichst spät im Auswahlprozess, da das Probearbeiten für alle Beteiligten sehr aufwendig ist. Normalerweise stellt der Probetag mit seiner Abschlussbesprechung die letzte Stufe eines Auswahlverfahrens dar.

Die Rollenspiele

Rollenspiele sollten in keinem Auswahlprozess von Vertriebsmitarbeiter fehlen. Sie bieten die Möglichkeit in kurzer Zeit ein Bild von der Kommunikationsfähigkeit, dem Umgang mit Feedback und der Lernfähigkeit zu erhalten. Daher gehört das Feedback zum Rollenspiel dazu, denn Sie spielen hier eine Führungssituation durch.

Zwei Arten von Rollenspielen eigenen sich für die Auswahl von Vertriebsmitarbeitern:

1) Spontane Verkaufsgespräche, bei denen der Bewerber den Verkäufer spielt. Geeignete Situationen sind Akquisitionsgespräche, Preisverhandlungen und Reklamationsgespräche.

2) Präsentationen: Lassen Sie den Bewerber eine Präsentation zu einem Thema halten, das Sie ihm vorgeben, z. B. warum er für den Job geeignet ist, wie der Vertriebsjob in Ihrem Unternehmen konkret aussieht oder eine Beurteilung Ihres Unternehmens.

Wichtig bei Rollenspielen ist, dass der Bewerber im Vorfeld weiß, dass es ein Rollenspiel im Vorstellungsgespräch geben wird und wie es ungefähr ablaufen wird. Die genauen Inhalte sollte der Bewerber kurzfristig erfahren.

? Frage

Wie bewerte ich Rollenspiele?

Bei den Rollenspielen kommt es nicht so sehr auf die Bewertung der Inhalte im Detail und des Wissens an. Vielmehr sind Struktur und grundlegende Aussagen wichtig. Über das Rollenspiel können Sie gewisse Verhaltensmuster des Bewerbers erleben und übergeordnete Denkweisen erkennen.

Das Rollenspiel eignet sich im Vertrieb zur Beurteilung folgender Punkte. (Anm.: Zur Bewertung sollten Sie für alle Punkte, die Ihnen wichtig sind, Ihre Erwartungshaltung im Vorfeld definieren.)

1) grundsätzlicher Aufbau von Kommunikation
   - Kommuniziert er fakten- oder ergebnisorientiert?
   - Bezieht er den Zuhörer ein?
   - Beginnt er mit Details oder mit einem Überblick?
   - Lässt er Fragen zu?
   - Wie hoch ist sein Redeanteil?
   - Kommuniziert er auf Informations-, Denk- oder Handlungsebene? **Anmerkung:** Jede Aussage kann in drei Ebenen getroffen werden. Zum Beispiel: Arbeiten Sie mit

solchen Produkten (Informationsebene)? Wie wichtig sind Ihnen die Produkte (Denkebene)? Kaufen Sie mein Produkt (Handlungsebene)? Im Vertrieb ist es wichtig, den Kunden durch die drei Stufen zur Handlung bewegen zu können.

- Ist ein roter Faden in der Kommunikation erkennbar?
- Gibt es ein klares Ende mit festgehaltenen Ergebnissen und gibt es einen Blick in die Zukunft?

2) Verständnis und Fachwissen
   - Beinhaltet die Präsentation oder das Verkaufsgespräch die Inhalte, die ich erwartet habe?

3) Umgang mit Feedback
   - Versucht er Feedback zu verstehen oder rechtfertigt er?
   - Nimmt er Feedback auf und denkt weiter?
   - Hinterfragt er Feedback, um es besser zu verstehen?
   - Nimmt er Feedback sachlich oder persönlich?
   - Setzt er Feedback um, indem er es in Beispiele projiziert?

Am Ende des Rollenspiels sollen Sie dem Bewerber abschließend zu allen drei Punkten Feedback geben. Seien Sie konstruktiv und beschreiben Sie, wie Sie das Rollenspiel wahrgenommen haben, was Sie gut fanden und was sie anders erwartet hätten. Erklären Sie auch, was das für die Stelle, auf die sich der Kandidat bewirbt, bedeutet. Fragen Sie den Bewerber, welche Auswirkungen das Feedback auf sein Interesse an der Position hat.

Notizen

Assessment-Center

Assessment-Center ist eine eigene Art der Bewerberbeurteilung. Diese hier im Detail vorzustellen ist schwierig und würde zu weit führen. Daher beschränken wir uns an dieser Stelle auf einige Begriffsbestimmungen.

Ein Assessment-Center (AC) (von englisch „to assess" = beurteilen) ist ein Personalauswahlverfahren, in dem unter mehreren Bewerbern diejenigen ermittelt werden sollen, die den Anforderungen eines Unternehmens und einer zu besetzenden Stelle am besten entsprechen. Die Bewerber werden in Kleingruppen vor verschiedene Probleme gestellt und bei deren Lösung und Bearbeitung beobachtet und bewertet.

ACs werden ein- und mehrtägig durchgeführt und stellen daher ein kosten- und zeitaufwändiges Auswahlverfahren dar. Einer Einladung zur Teilnahme an einem Assessment-Center geht nicht immer eine Bewerbung auf eine Arbeitsstelle voraus. Möglich sind auch unternehmensinterne ACs, beispielsweise im Rahmen einer Potenzialanalyse, die der Auswahl eines Pools geeigneter Kandidaten für Führungsaufgaben dienen.

Im Rahmen der Rekrutierung werden folgende Arten von ACs unterschieden:

Einzel-Assessment (-Center) werden meistens für das oberste Management durchgeführt. Gründe für Einzel-ACs in der Praxis sind: die Bewerbungen müssen „geheim" bleiben (Kandidat hat den „alten Job" noch nicht gekündigt); es geht um sensible Unternehmensbereiche, die nicht „jedermann" einsehen soll.

Online-Assessment wird als einfache und preiswerte Alternative verwendet.

Potenzial-Assessment: Zur Evaluierung der eigenen Stärken wird für Schüler und Berufseinsteiger das Potenzial-Assessment angeboten. Dieses eignungsdiagnostische Instrument dient zur Klärung der Potenziale und Fähigkeiten, schwerpunktmäßig zur Analyse der eigenen Stärken.

Im Rahmen der ACs kommen in der Regel folgende Beurteilungsmethoden zum Einsatz:

- strukturierte Interviews
- Gruppendiskussionen (Jeder gegen Jeden), meist ist anschließend ein in der Gruppe gefundenes Ergebnis zu präsentieren
- Postkorbübungen, Helicopter-View
- Rollenspiele
- Präsentationsaufgaben, einzeln oder in Kleingruppen
- Fragebögen (psychometrische Testverfahren: Persönlichkeits- und Leistungstests), Intelligenztests, schriftlich und / oder am PC; nur unter Aufsicht eines Diplompsychologen zulässig
- Abschlussgespräch mit Auswertung und ggf. Jobangebot, bei längerem AC auch Essenseinladung (Gabeltest)

Fast alle Bestandteile des ACs sind unter engen Zeitvorgaben zu erfüllen, um so auch eine Beobachtung unter Stress zu ermöglichen.

Referenzen

Das Einholen von Referenzen ist eine sehr gute Möglichkeit, um zu verstehen, wie ein Bewerber arbeitet und warum er in der Vergangenheit Erfolge hatte. Aufgrund der oft verklausulierten Sprache in Referenzen und Zeugnissen sollten Sie Referenzen immer mündlich einholen.
Beachten Sie dabei, dass der Bewerber immer wissen muss, wenn Sie mündliche Referenzen einholen. Da mündliche Referenzen auch die Zeit des Referenzgebers in Anspruch nehmen, sollte der Bewerber die Möglichkeit haben, den Referenzgeber vorher zu warnen und die Erlaubnis für die Referenz einholen. Am besten lassen Sie einen telefonischen Gesprächstermin mit Ihnen vereinbaren.
Aufgrund der Vertraulichkeit und des Zeitaufwandes für den Referenzgeber sollten Sie Referenzen zu einem späten Zeitpunkt im Auswahlprozess einholen.

❓ Frage

Welche Fragen stelle ich einem Referenzgeber?

Achten Sie darauf, dass Sie auch bei Referenzen zunächst offene Fragen stellen, um den Referenzgeber das erzählen zu lassen, was ihm wichtig ist. Später können Sie mit geschlossenen Fragen gezielte Informationen einholen. Achten Sie auch darauf, dass der Referenzgeber zu Beginn eher beschreibend gefragt wird und nicht wertend.

Fragen für mündliche Referenzen:

- Wie haben Sie mit Herrn / Frau XXXX zusammengearbeitet?
- Welche Aufgaben und Verantwortungen hatte Herr / Frau XXXX?
- Wie würden Sie seinen Arbeitsstil beschreiben?
- Wo hatte Herr / Frau XXXX bei Ihnen seine Stärken?
- Wo hatte Herr / Frau XXXX bei Ihnen seine Schwächen?
- Wie war die Zielerreichung von Herrn / Frau XXXX? Woran lag das?
- Welche Rolle hatte er im Team übernommen?
- Worin sahen Sie den wichtigsten Beitrag von Herrn / Frau XXXX zum Erfolg des Unternehmens?
- Würden Sie wieder mit Herrn / Frau XXXX zusammenarbeiten, wenn es eine Gelegenheit dazu gäbe?
- Bei der Position, die wir Herrn / Frau XXXX anbieten wollen, sind vor allem XXXXX wichtig. Wie sehen Sie diese Punkte bei Herrn / Frau XXXX?

Erstellen wissenschaftlicher Verhaltensprofile

Über wissenschaftliche Verhaltensprofile wurde an anderer Stelle schon einiges geschrieben (vgl. Seite 18 ff.). Letztendlich eignen sie sich gerade für die Rekrutierung von Vertriebsmitarbeitern, da hier einer der Haupterfolgsfaktoren im Verhalten liegt.

Um mit wissenschaftlichen Verhaltensprofilen zu arbeiten, ist eine spezielle Ausbildung notwendig oder Sie müssen mit qualifizierten Beratern zusammenarbeiten. Daher gehe ich hier nicht weiter auf dieses Thema ein.

Letztendlich beschreiben diese Analysen das zu erwartende Verhalten von Mitarbeitern. Dies ist wichtig, um zu verstehen, wie sich der Mitarbeiter beim Kunden verhalten wird, und auch um zu wissen, wie der Mitarbeiter geführt werden muss, um erfolgreich zu sein.

Notizen

✓ Checkliste

Bewertungsbogen Vorstellungsgespräch

zu besetzende Stelle _____

Bewerber: _____

Status im Prozess: _____

Datum: _____

Kriterium	Beobachtung	Erwartungshaltung	Ergebnis

besprochene Themen: _____

_____

_____

_____

offene Fragen: _____

_____

_____

_____

offene Fragen Kandidat: _____

_____

_____

_____

Ergebnis: 🔴 🟡 🟢

nächster Schritt: _____

✓ Checkliste

Bewertungsbogen Probetag

zu besetzende Stelle _____

Bewerber: _____

Status im Prozess: _____

Datum: _____

Aufgabe	Beobachtung	Erwartungshaltung	Ergebnis

offene Fragen: _____

_____

_____

_____

offene Fragen Kandidat: _____

_____

_____

_____

Ergebnis: 🔴 🟡 🟢

nächster Schritt: _____

✓ Checkliste

Bewertungsbogen Rollenspiel

zu besetzende Stelle _____

Bewerber: _____

Status im Prozess: _____

Datum: _____

Thema: _____
_____
_____

Erwartungshaltung	Beobachtung	Ergebnis

Umgang mit Feedback: _____
_____
_____
_____

Umsetzung von Input: _____
_____
_____
_____

Ergebnis: 🔴🟡🟢

nächster Schritt: _____

✓ Checkliste

Bewertungsbogen Referenz

zu besetzende Stelle _____

Bewerber: _____

Status im Prozess: _____

Datum: _____

Referenzgeber: _____

Firma: _____

Position: _____
_____

Aufgaben und Verantwortlichkeiten: _____

Stärken? _____

Schwächen? _____

Woran wurde Zielerreichung gemessen? _____

Wie war die Zielerreichung? _____

Teamrolle? _____

Wichtigster Beitrag zum Erfolg der Firma? _____

Wichtigste Anforderungen an Position? _____

Würden Sie ihn/sie wieder einstellen? _____

Ergebnis: ⬤ ⬤ ⬤

nächster Schritt: _____

✓ Checkliste

Stärken und Schwächen der Auswahlmethoden

	Stärke	Schwäche
Vorstellungsgespräch	situativ steuerbar, Hintergrundinformationen werden geliefert, flexibel	erfordert Kompetenz in Fragetechnik, zeitaufwendig, subjektive Eindrücke
Rollenspiel	Erleben des Bewerbers in unterschiedlichen Situationen	erfordert eigene Kompetenz in „gespielter Situation"
Probearbeiten	Bewerber erlebt den Arbeitsalltag, Erleben des Bewerbers in realen Situationen	hoher Zeitaufwand
Referenzen	Überprüfen des Lebenslaufes und der Erzählungen aus erster Hand	Realitätsnähe der Referenzen
Verhaltensprofile	objektive Beschreibung des Verhaltens	erfordert qualifiziertes Personal
Assessment-Center	Erleben des Bewerbers im Team	gibt relatives Bild im Vergleich zu anderen wieder

 Checkliste

Empfohlener Methodenmix Neukundenvertrieb

		Zeitpunkt / Bemerkung
Vorstellungsgespräch	🟩	zu jedem Zeitpunkt
Rollenspiel	🟨	nach dem ersten Vorstellungsgespräch, um offene Fragen zu klären und Unsicherheiten zu verifizieren
Probearbeiten	🟩	am Ende des Prozesses, direkt vor dem abschließenden und entscheidenden Gespräch
Referenzen	🟥	Es ist sehr schwierig, im Neukundenvertrieb Paralellen zwischen den Jobs zu ziehen.
Verhaltensprofile	🟩	nach dem ersten Gespräch, als Vorbereitung und als Grundlage für ein zweites Gespräch und um Themen und Gebiete von Rollen- spielen und Probearbeiten zu definieren
Assessment-Center	🟥	Neukundenvertriebler sind nicht zwingend teamfähig, daher ist ein Assessment nur bedingt geeignet.

🟥 Diese Methode macht weniger Sinn.

🟨 Diese Methode sollte bei Unsicherheiten eingesetzt werden.

🟩 Diese Methode macht auf jeden Fall Sinn.

✓ Checkliste

Empfohlener Methodenmix Kundenentwicklung

		Zeitpunkt / Bemerkung
Vorstellungsgespräch	🟩	zu jedem Zeitpunkt
Rollenspiel	🟩	nach dem ersten Vorstellungsgespräch, um offene Fragen zu klären und Unsicherheiten verifizieren
Probearbeiten	🟥	Die Beziehungen zum Kunden sind in der Regel taktisch und strategisch, sodass ein Probearbeiten nicht immer möglich ist.
Referenzen	🟨	nach allen Gesprächen, um eine Entscheidung zu bestätigen
Verhaltensprofile	🟨	nach dem ersten Gespräch, als Vorbereitung und als Grundlage für ein zweites Gespräch und um Themen und Gebiete von Rollen-spielen und Probearbeiten zu definieren
Assessment-Center	🟨	zum Einstieg in einen Auswahlprozess

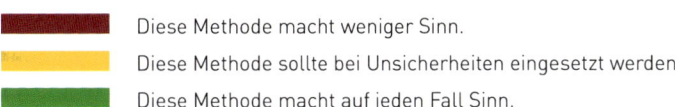

🟥 Diese Methode macht weniger Sinn.

🟨 Diese Methode sollte bei Unsicherheiten eingesetzt werden.

🟩 Diese Methode macht auf jeden Fall Sinn.

 **Checkliste**

Empfohlener Methodenmix Kundenbetreuung

		Zeitpunkt / Bemerkung
Vorstellungsgespräch	🟩	zu jedem Zeitpunkt
Rollenspiel	🟥	Ein Kundenbetreuer scheut ungewohnte und selbstdarstellende Situationen, sodass ein Rollenspiel massiven Stress ausüben würde.
Probearbeiten	🟩	am Ende des Prozesses, direkt vor dem abschließenden und entscheidenden Gespräch, um dem Bewerber die letzte Sicherheit zu geben, indem er den Arbeitsplatz erleben kann
Referenzen	🟨	nach allen Gesprächen, um eine Entscheidung zu bestätigen
Verhaltensprofile	🟨	nach dem ersten Gespräch, als Vorbereitung und als Grundlage für ein zweites Gespräch und um Themen und Gebiete von Rollenspielen und Probearbeiten zu definieren
Assessment-Center	🟥	Die notwendigen Kompetenzen eines Kundenbetreuers liegen vor allem in der Genauigkeit und Konstanz. Diese über ACs zu verifizieren erscheint wenig sinnvoll, da hier eher Potenziale, Führungsverhalten und Teamfähigkeit ermittelt werden können.

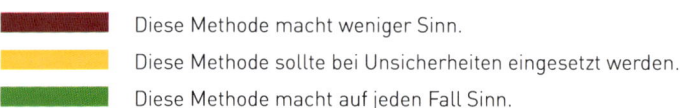

🟥 Diese Methode macht weniger Sinn.

🟨 Diese Methode sollte bei Unsicherheiten eingesetzt werden.

🟩 Diese Methode macht auf jeden Fall Sinn.

Einarbeitung von neuen Mitarbeitern

Bevor Sie dieses Kapitel lesen, nehmen Sie sich bitte einige Minuten Zeit, um folgende Fragen zu beantworten:

Wonach sollte sich Ihrer Meinung nach ein Einarbeitungsplan richten?

_____

_____

_____

Was würde passieren, wenn sehr erfahrene, neue Mitarbeiter keine Einarbeitung erhielten?

_____

_____

_____

80 % aller Vertriebler sind mit ihrer Einarbeitung nicht zufrieden. Woran könnte das Ihrer Meinung nach liegen?

1) _____

2) _____

3) _____

Ergänzen Sie folgenden Satz: Ich als Arbeitnehmer erwarte von der Einarbeitung, dass …

1) _____

2) _____

3) _____

Die Einstellung eines Vertriebsmitarbeiters ist dann erfolgreich abgeschlossen, wenn er erfolgreich in die Aufgabe eingearbeitet ist und anfängt, selbstständig und erfolgreich zu arbeiten. Da die Jobprofile im Vertrieb nicht klar umrissen sind und auch jedes Unternehmen andere Begriffe für die entsprechenden Aufgaben verwendet, sind Missverständnisse über die konkrete Ausgestaltung der Aufgaben während des Auswahlprozesses häufig. Oft schätzen Bewerber die Prioritäten für einen Job anders, als sie in der Realität sind, ein. Das kann dazu führen, dass während der Einarbeitung einige Überraschungen auf den neuen Vertriebsmitarbeiter warten. „Das habe ich mir anders vorgestellt" ist oft der Anfang vom Ende.

Daher müssen Sie im Auswahlverfahren darauf achten, dass Sie ein aktives Erwartungsmanagement betreiben. Das bedeutet, dass Ihnen die Erwartungen des Bewerbers klar und konkret bekannt sind und auf der anderen Seite der Bewerber auch Ihre Erwartungen klar und konkret kennt. Zeigen Sie dem Bewerber vor der Entscheidung, den Job anzunehmen, zum Beispiel Tagespläne von Vertriebsmitarbeitern, Zielerreichungsquoten der bestehenden Vertriebsmitarbeiter oder Aktivitätszahlen, die notwendig sind, um Ergebnisse zu erzielen.

Dass es zu unterschiedlichen Wahrnehmungen des Gesagten und daher zu Missverständnissen kommt, kann aber nicht ganz ausgeschlossen werden.

Eine repräsentative Umfrage unter Vertriebsmitarbeitern in Deutschland hat ergeben, dass 80 % ALLER Vertriebsmitarbeiter mit der Art und Weise, wie sie eingearbeitet wurden, nicht zufrieden sind. Meist lag es daran, dass auch hier der Mitarbeiter eine andere Vorstellung hatte – „da habe ich etwas anderes erwartet …"

Ein Einarbeitungsprogramm muss verschiedene Zwecke erfüllen:

1) Der Mitarbeiter muss das Unternehmen kennen lernen, die Systeme und Berichte verstehen, sich in Strukturen, Hierarchien, Teamgefügen, Kultur, Kommunikationswegen und Kompetenzen zurecht finden.

2) Der Mitarbeiter muss seine Aufgabe erlernen.

3) Der Mitarbeiter muss seinen Markt und die Kunden kennen lernen.

Missverständnisse und unterschiedliche Erwartungen müssen früh erkannt werden und es muss aktiv gegengesteuert werden.

Wie Sie den Einarbeitungsplan konkret gestalten, hängt sehr von Ihren verfügbaren Ressourcen ab. Die Vertriebsstruktur, die Marktstruktur und das Vorwissen des Mitarbeiters haben ebenso erheblichen Einfluss auf den Einarbeitungsplan.

Wir wollen in diesem Buch auch nicht die Inhalte oder den Ablauf beschreiben. Hier geht es darum, Ihnen Eckpunkte für die Einarbeitung, aber auch schon für das Auswahlverfahren aufzuzeigen, die Sie beachten sollten, damit eine erfolgreiche Einarbeitung möglich wird.

1) Beginnen Sie die Einarbeitung mit den Haupterfolgsfaktoren für den Job.

Jede Vertriebsposition hat Aufgaben, die eine große Hebelwirkung auf den Erfolg der Tätigkeit haben – die Haupterfolgsfaktoren. Nach dem Pareto-Prinzip sind das 20 % dessen, was ein Mitarbeiter tut.

Missverständnisse, die in diesen Haupterfolgsfaktoren auftreten, können die Einarbeitung zum Scheitern bringen. Das betrifft nicht nur die Tätigkeit des Mitarbeiters direkt, sondern auch die Position des Vorgesetzten. 20 % dessen, was ein Vorgesetzter mit seinem Mitarbeiter tut oder benötigt (zum Beispiel Berichte), sind wichtig für den Erfolg des Vorgesetzten!

Nachdem ein neuer Vertriebsmitarbeiter die ersten Tage seinen Arbeitsplatz, Kollegen und den Bürobetrieb kennen gelernt hat, sollten Sie die Einarbeitung auf die Haupterfolgsfaktoren lenken. Zeigen Sie dem Mitarbeiter in Schulungen, Coachings oder im Tagesgeschäft, wie diese Tätigkeiten jetzt konkret aussehen. Sollte der Mitarbeiter selber noch nicht alle der Tätigkeiten ausführen können oder müssen, lassen Sie ihn punktuell mit einem Mitarbeiter „mitlaufen", der diese Dinge bereits tut.

Während des Einstellungsprozesses sollten Sie darauf achten, dass der Bewerber diese Haupterfolgsfaktoren auch in ihrer Bedeutung und Wichtigkeit für den Erfolg seiner Position kennt und Sie Ihre gegenseitigen Erwartungen an Vorgehensweisen, Aktivität und zu erreichende Ergebnisse gegenseitig kennen.

2) Fahren Sie konstante Feedback-Runden.

Um sicher zu stellen, dass die Einarbeitung für den Mitarbeiter positiv verläuft und die Erwartungen in den wichtigsten Punkten erfüllt sind, führen Sie regelmäßige Feedback-Gespräche mit dem neuen Mitarbeiter.

Bei diesen Gesprächen geht es darum, dass Mitarbeiter und Unternehmen gegenseitig Feedback geben, wie die Erwartungen erfüllt sind, was gut läuft, was schlecht und wo Veränderungsbedarf besteht.

Der zeitliche Rhythmus der Feedback-Gespräche sollte sich im Laufe der Zeit vergrößern. Das erste Feedback sollte gleich am ersten Tag stattfinden. Während der ersten drei Wochen zwei Mal in der Woche und bis zum zweiten Monat wöchentlich. Danach ist für die Einarbeitung ein Monatsrhythmus sinnvoll, die wichtigen Dinge sind ja bereits erledigt.

3) Halten Sie Kontakt über die Personalabteilung und über das Management während der Einarbeitung.

Um eine möglichst neutrale Sicht in den Feedbacks zu erhalten, macht es Sinn, diese von dritter Seite begleiten oder durchführen zu lassen. So ist es sinnvoll, dass der Hauptansprechpartner aus der Rekrutierungsphase (oft der Personalreferent) die Einarbeitung begleitet. Er weiß am besten, was während des Auswahlprozesses besprochen wurde und wo eventuelle Missverständnisse herrühren können. Zudem ist ein neutraler Ansprechpartner gerade für neue Mitarbeiter oft der bessere „Ort", um über „Magenschmerzen" zu reden. Schließlich will niemand seinem neuen Chef in den ersten Wochen gleich sagen, was einem nicht gefällt oder was man sich anders vorgestellt hat. Und so summieren sich viele kleine, aufgestaute Fragezeichen schnell zu einem großen Problem. Das direkte Feedback in die Personalabteilung während der Einarbeitung gibt auch wertvollen Input für bessere Kommunikation zukünftiger Auswahlverfahren.

Normalerweise ist zu Beginn einer neuen Tätigkeit die Motivation und Euphorie der Mitarbeiter hoch. Nach den ersten Ernüchterungen und Rückschlägen fallen viele in ein kurzes Motivationsloch. In dieser Phase können Sie der Motivation der Mitarbeiter einen Schub geben, indem Sie ihnen Zeit und Beachtung schenken und ihnen somit zeigen, wie wichtig sie Ihnen sind. Am besten hierfür geeignet ist ein Kontakt zur Geschäftsführung, bei dem sich die Geschäftsführer oder Senior Manager Zeit nehmen für die „Neuen". Das kann bei einem Abend- oder Mittagessen, bei einem Workshop oder Meeting oder bei einem „Feierabendbier" sein. Wichtig ist, dass es geplant ist. Ein guter Zeitpunkt hierfür ist nach ca. sechs bis acht Wochen. Nutzen Sie diese Plattform auch, um dann noch bestehende grundsätzliche Missverständnisse und Erwartungsunterschiede zu erkennen.

4)   Frühe und fortlaufende Abstimmung über den Einarbeitungsplan

Stimmen Sie den Einarbeitungsplan bereits während des Auswahlprozesses ab. Geben Sie dem Bewerber spätestens mit dem Vertrag einen groben Einarbeitungsplan. Erhöhen Sie die Verbindlichkeit dadurch, dass Sie nicht nur die Inhalte, sondern auch die erwarteten Ergebnisse der Einarbeitung festhalten. Dadurch wird die Wichtigkeit der Einarbeitung unterstrichen. Der Bewerber bekommt noch einmal eine klarere Vorstellung, was wichtig ist im zukünftigen Job.

Zu Beginn und während der Einarbeitung wird der Plan konstant mit den Details ausgeschmückt und Veränderung in der Planung eingearbeitet. Die Veränderungen können dadurch entstehen, dass

- der Mitarbeiter in einigen Themen weiter oder schneller ist als erwartet.
- der Mitarbeiter in einigen Themen noch nicht so weit ist oder langsamer als erwartet.
- die Aufgabe und der Markt Veränderungen unterliegen.
- der Einarbeitungsplan aus anderen Gründen nicht immer so umgesetzt wird wie geplant.

Machen Sie den Einarbeitungsplan zu einem lebenden Dokument, das sich am tatsächlichen und nicht am erwarteten Einarbeitungsbedarf orientiert.

5)   Beenden Sie die Einarbeitung „formal".

Zum Ende der Einarbeitung sollten Sie einen formalen Abschluss der Einarbeitung durchführen. Dokumentieren Sie mit dem Mitarbeiter, dass er jetzt operativ und selbstständig arbeiten kann. Ermitteln Sie auch weiteren Entwicklungsbedarf und beginnen Sie mit dem Personalentwicklungsplan.

✏️ Notizen

✓ Checkliste

Wichtigkeit der Einarbeitungsthemen

	Neukundenvertrieb	Kundenentwicklung	Kundenbetreuung
Prio 1	Zielvereinbarung	Kollegen kennen lernen	Produktkenntnisse
Prio 2	Akquisitionsprozesse	Vorstellen bei Kunden	Betreuungsprozesse
Prio 3	Verkaufstechniken	Erfahrungsaustausch mit Kollegen	Schulung auf internen Systemen
TOP 1	Vorstellen bei Kunden	Zielvereinbarung	Kollegen kennen lernen
TOP 2	Selbstständiges Arbeiten	Betreuungsprozesse	Erfahrungsaustausch mit Kollegen
TOP 3	Verhandlungs-Know-how	Markt-Know-how	Zeitmanagement
TOP 4	Erfahrungsaustausch mit Kollegen	Akquisitionsprozesse	Markt-Know-how
TOP 5	Selbstmanagement	Verkaufstechniken	Zuschauen bei Kollegen
TOP 6	Zeitmanagement	Zeitmanagement	Wettbewerbs-Know-how
	Markt-Know-how	Zuschauen bei Kollegen	Zielvereinbarung
	Wettbewerbs-Know-How	Selbstmanagement	Selbstmanagement
	Produktkenntnisse	Produktkenntnisse	Verkaufstechniken
	Kollegen kennen-lernen	Wettbewerbs-Know-How	Verhandlungs-Know-how
	Zuschauen bei Kollegen	selbstständiges Arbeiten	Vorstellen bei Kunden
	Schulung auf internen Systemen	Schulung auf internen Systemen	selbstständiges Arbeiten
	Betreuungsprozesse	Verhandlungs-Know-How	Akquisitionsprozesse

Je nach Seniorität der Mitarbeiter beinhaltet die Einarbeitung zu dem jeweiligen Thema
▪ Grundlagenschulung für Berufseinsteiger
▪ Vertiefungsschulung für fortgeschrittene Mitarbeiter
▪ Schulung der unternehmensspezifischen Vorgehensweisen für Erfahrene
▪ Information über Regeln, Grenzen und Werte zu den Themen für sehr erfahrene Mitarbeiter

 Haupterfolgsfaktor in der Einarbeitung
wichtiges Einarbeitungsthema

 **Checkliste**

Einarbeitungsplanung neuer Mitarbeiter

Zeitpunkt	Thema	Wer?
1. Tag	Begrüßung, Arbeitsplatz „beziehen"	Team/Vorgesetzter/ Personalreferent
	Vermittlung und Sicherstellung Priorität 1	Vorgesetzter
	Feedback	Vorgesetzter
2. bis 5. Tag	Vermittlung und Sicherstellung Priorität 2	Vorgesetzter
5. Tag	Feedback	Personalreferent
2. Woche	Vermittlung und Sicherstellung Priorität 3	Vorgesetzter/Trainer/Kollegen
3. Woche	Tagesgeschäft Priorität 1–3	Vorgesetzter/Kollegen
Ende Woche 3	Feedback	Senior Management und Personalleitung
4. Woche	Vermittlung und Sicherstellung TOP 1	Vorgesetzter/Trainer/Kollegen
Ende 1. Monat	Feedback und Debriefing	Vorgesetzter und Kollegen
	Review Einarbeitungsplanung	Vorgesetzter und Personalreferent
2. Monat	Vermittlung und Sicherstellung TOP 2 bis 6	Vorgesetzter/Trainer/Kollegen
Ende 2. Monat	Feedback und Debriefing	Vorgesetzter und Kollegen
	Review Einarbeitungsplanung	Vorgesetzter und Personalreferent
ab Monat 3	Vermittlung und Sicherstellen der restlichen Themen entsprechend Bedarf	alle
Ende Probezeit	Feedback und Debriefing	Vorgesetzter und Kollegen sowie Senior Management und Personalreferent

Exkurs ins AGG:

Das Allgemeine Gleichbehandlungsgesetz (AGG) im Bewerbungs- und Einstellungsprozess

Bei der Definition der Auswahlkriterien ist zu beachten, dass das AGG klare Regeln aufstellt, wie mit Kriterien zur Auswahl umgegangen werden muss.

1. Ziel und Inhalt des Gesetzes (Stand: 22.04.09)

Das Allgemeine Gleichbehandlungsgesetz (kurz: AGG) verbietet Benachteiligungen und Belästigungen in Beschäftigung und Beruf aus acht Gründen: der Rasse oder der ethnischen Herkunft, des Geschlechts, der Religion oder der Weltanschauung, einer Behinderung, des Alters oder der sexuellen Identität. (§ 1 AGG)

Die neuen – im AGG verankerten – Vorschriften gelten für alle öffentlichen und privaten Arbeitgeber; sie gelten auch für juristische Personen, denen z. B. ein Arbeitnehmer zu Arbeitsleistung überlassen wird (Zeitarbeitsfirmen). (§ 6, Abs. 2 und 3 AGG)

Die neuen Antidiskriminierungsvorschriften gelten in allen Phasen des Arbeits- bzw. öffentlich-rechtlichen Dienstverhältnisses (§ 2, Abs. 1 AGG):

a) bei der Einstellung – einschließlich Auswahlkriterien und Einstellungsbedingungen

b) bei den Beschäftigungs- und Arbeitsbedingungen einschließlich Arbeitsentgelt

c) für den beruflichen Aufstieg, z. B. durch Beförderung

d) für den Zugang zu allen Formen und allen Ebenen der Berufsberatung

e) für die Berufsbildung einschließlich der Berufsausbildung

f) für die berufliche Weiterbildung und Umschulung

g) für die Entlassungsbedingungen

h) für die Mitgliedschaft und Mitwirkung in Gewerkschaften oder Arbeitgeberverbänden

2. Beachtung des AGG bei der Erstellung von Stellenanzeigen und der Durchführung von Einstellungs- und Auswahlverfahren

2a) Beachtung des AGG bei der Erstellung von Stellenanzeigen

Jede Stellenbeschreibung ist nach dem AGG grundsätzlich geschlechtsneutral abzufassen – unabhängig davon, ob der Arbeitsplatz öffentlich oder innerhalb des Betriebes ausgeschrieben wird.

Geschlechtsneutral ist eine Ausschreibung dann, wenn in der Berufsbezeichnung sowohl die männliche als auch die weibliche Form erscheint („Krankenschwester/Krankenpfleger"), ein geschlechtsunabhängiger Oberbegriff („Verwaltungskraft") verwendet wird, beziehungsweise beide Geschlechter angesprochen werden („Vertriebsleiter m/w").

Darüber hinaus darf eine Stelle auch nicht unter Verstoß gegen das Verbot der Benachteiligung wegen eines der anderen durch das AGG geschützten Merkmale ausgeschrieben werden.

Beispiel 1:

„Wir suchen eine/n jungen Verkäufer/in für die Region Köln/ Bonn. Sie sind zwischen 25 und 35 Jahre alt? Dann senden Sie Ihre Bewerbungsunterlagen an die Personalabeilung zu Händen Herrn Mayer."

Solche Angaben, wie sie in Stellenanzeigen häufig zu lesen sind, sind durch das AGG nicht per se verboten, bergen aber die Gefahr, dass dadurch die Vermutung ausgelöst wird, ein älterer oder jüngerer Bewerber würde benachteiligt werden. Den Arbeitgeber trifft die Beweislast für den sachlichen Grund, wenn ein geeigneter Bewerber abgelehnt wird, der den Altersvorstellungen der Stellenausschreibung nicht entsprochen hat. Gelingt dem Arbeitgeber der Beweis benachteiligungsfreier Auswahl nicht, macht er sich

– bereits bei einer Vermutung einer Benachteiligung – schadenersatz- oder entschädigungspflichtig.

Statt eines Alterskorridors sollten Formulierungen, wie z. B. „auch für Berufsanfänger geeignet" oder „Sie haben langjährige Führungserfahrung" verwendet werden.

Auch die Anforderung eines Bewerbungsfotos ist durch das AGG nicht verboten. Allerdings birgt diese Praxis gewisse Risiken: Lässt das Bild auf ein geschütztes Merkmal schließen (z. B.: Bewerber/in weist eine Behinderung auf; Hautfarbe; Religion → Kopftuch), könnte im Falle einer Ablehnung die Benachteiligungs-Vermutung mit Beweislastumkehr für den Arbeitgeber entstehen. Nutzen und Risiken von Bewerbungsbildern sollten deshalb äußerst genau abgewogen werden.

2b) Beachtung des AGG bei der Durchführung von Einstellungs- und Auswahlverfahren

Die ordnungsgemäße Durchführung des Auswahlverfahrens allein genügt für den Arbeitgeber nicht. Er muss auch in der Lage sein, ggf. darzulegen und zu beweisen, dass er das Auswahlverfahren benachteiligungsfrei durchgeführt hat. Da nicht absehbar ist, welche Anforderungen die Gerichte an die bei ihnen zu begründende Überzeugung stellen werden, empfiehlt es sich, bis gesicherte Rechtsprechung vorliegt, eine lückenlose Dokumentation des Auswahlverfahrens zu gewährleisten. Der Arbeitgeber ist angehalten, vor Ausschreibung einer Stelle die objektiven und subjektiven Kriterien, die der Besetzer der Stelle erfüllen soll, ohne die Ansehung einer Person zu formulieren. Das Auswahlverfahren sollte nach einem vorgegebenen Schema durchgeführt werden, in welchem die vorab definierten objektiven und subjektiven Kriterien Anwendung finden.

Beispiele für: „objektive und subjektive Kriterien"

formelle Kriterien (objektiv):
- vollständige Bewerbungsunterlagen
- Fehlerfreiheit der Bewerbungsunterlagen

formelle Kriterien (subjektiv):

- ansprechende Bewerbungsunterlagen

Auswahlkriterien (objektiv):

- Ausbildung (z. B. Industrieelektroniker)
- Zusatzausbildung (z. B. AdA-Schein)
- weitere Qualifikationen (z. B. SAP-Kenntnisse, Sprachen)
- Grad der Berufserfahrung (z. B. mehrjährige Erfahrung in der für den Arbeitsplatz maßgebende Tätigkeit oder zusätzliche Erfahrungen in anderen Tätigkeitsbereichen, wie z. B. Jurist / in mit Schwerpunkt auf Erbrecht, erste Erfahrung im Vertragsrecht)

Auswahlkriterien (subjektiv):

- Kommunikationsstärke
- sympathisches Auftreten
- selbstbewusstes Auftreten
- schnelle Auffassungsgabe
- Spontanität
- Eloquenz
- Sicherheit im Gespräch
- gute Körpersprache
- Fingerspitzengefühl / Sensibilität

Die Kriterien, die ein Bewerber zu erfüllen hat, sollten definiert und den verschiedenen Phasen des Auswahlprozesses zugeordnet werden. So werden die objektiven formellen Kriterien und die objektiven Auswahlkriterien in erster Linie im Vorauswahlverfahren eine Rolle spielen. In den Vorstellungsgesprächen werden für die Entscheidung dann im Wesentlichen die subjektiven Auswahlkriterien herangezogen.

Eine Stellenbeschreibung sollte die wesentlichen Grundvoraussetzungen für die zu besetzende Stelle nennen; sie muss aber **keinesfalls alle** im Auswahlverfahren in Betracht kommende Kriterien erfassen.

Beispielhafter Ablauf eines Auswahlverfahrens:

1. Auswahlrunde:
Alle Bewerber, die die objektiven Anforderungen nicht erfüllen, werden AGG-konform aussortiert.

2. Auswahlrunde:
Für diese Auswahlentscheidung könnte die Vollständigkeit und Fehlerfreiheit der Bewerbungsunterlagen herangezogen werden.

3. Auswahlrunde:
Die Kandidaten, die die besten Noten in der Diplomprüfung erreicht haben, gelangen in die nächste Runde.

4. Auswahlrunde:
In dieser Runde werden alle Bewerber aussortiert, die z. B. ihre Sprachkenntnisse nicht durch einen Auslandsaufenthalt von gewisser Dauer verbessert haben.

Vorstellungsgespräche:
Für die Auswahl nach Durchführung der Vorstellungsgespräche kommen in erster Linie subjektive Auswahlkriterien in Betracht.

Anmerkung: Nach deutschem Recht ist die Scientology-Organisation nicht als Kirche anerkannt; es ist derzeit also weiterhin zulässig, von Arbeitnehmern die Erklärung zu verlangen, dass sie nicht Scientology angehören.

Zu beachten ist, dass in jeder Auswahlrunde die Entscheidungsgründe zu dokumentieren sind, damit ausgeschlossen werden kann, dass eine Entscheidung in untrennbaren Zusammenhang mit einem Benachteiligungsmerkmal steht. Des Weiteren muss das gesamte Auswahlverfahren inklusive aller eingegangener Bewerbungsunterlagen dem Betriebsrat gem. § 99 BetrVG offen gelegt werden. Es muss anhand von Tatsachen erläutert werden, wann der Arbeitgeber sich für den Bewerber, der eingestellt werden soll, entschieden hat. Hat der Arbeitgeber persönliche Aufzeichnungen angefertigt, sind diese auszuhändigen. Hat eine Auswahl im Assessment-Center stattgefunden, sind Kriterien und Ergebnisse auszuhändigen. Gleiches gilt auch bei Einschaltung einer Personalberatung. Kommt der Arbeitgeber dem nicht nach, beginnt die Wochenfrist des § 99 BetrVG nicht zu laufen. Verweigert der Betriebsrat die Zustimmung, kann das Arbeitsgericht diese nicht einmal im Verfahren nach § 99 Abs. 4 BetrVG ersetzen. Die Verletzung dieser Pflichten führt somit dazu, dass der Betriebsrat die Einstellung scheitern lassen kann. Dem Arbeitgeber bleibt dann keine andere Wahl als den Arbeitsvertrag wieder – fristgerecht – zu kündigen. Bis zum Ablauf der Kündigungsfrist hat er den Arbeitnehmer aus Gründen des Annahmeverzugs – auch gänzlich ohne Arbeitsleistung – zu vergüten.

Quellenangaben und Bildnachweise

(1)   Kapitel: Rekrutierung über interne Ausbildung und interne
      Rekrutierung (S. 77)
- § 93 BetrVG, Ausschreibung von Arbeitsplätzen
- § 7 Abs.1 TzBfG, Ausschreibung; Information über freie Arbeitsplätze
- Haufe-Index 2047918 (BAG Beschluss vom 17.06.2008 – 1 ABR 20/07)
- Haufe-Index 520925 (Einstellung von Arbeitnehmern)
- Wikipedia.org
- XING.com
- Bundesministerium der Justiz
- Thomas International.com

(2)   Kapitel: Exkurs ins AGG (S. 192 ff.)
- Bundesministerium der Justiz
  Allgemeines Gleichbehandlungsgesetz (AGG)
  http://bundesrecht.juris.de/agg/BJNR189710006.html
- Haufe Verlag
  redmark | die gmbh (Onlineabonnement)
  AGG – Beispiel für den Ablauf eines Einstellungsverfahrens
  (HaufeIndex: 1541116)
  AGG – FAQ's (HaufeIndex: 1529600)
- www.XING.com (Mitgliedschaft)
  Gruppenmitgliedschaft (AGG, das Allgemeine Gleichbehandlungsgesetz)
  Gruppen- und Disskussionsbeiträge

Bild- und Checklistennachweise

Die Urheberrechte aller Checklisten liegen bei pe.kom. gmbh.
Die Illustrationen auf den Seiten 18–20 und 87–88 stammen von Thomas
International.